간큰가족의
우당탕탕 세계여행

자녀교육 비전트립

간큰가족의 우당탕탕 세계여행
자녀교육 비전트립

펴 낸 날 2022년 1월 15일 1판 1쇄

저   자 김 형 윤
펴 낸 이 허 복 만
펴 낸 곳 야 스 미 디 어
편 집 기 획 나 인 북
표 지 디 자 인 디자인 일그램
등 록 번 호 제10-2569호

주   소 서울 영등포구 양산로 193 남양빌딩 310호
전   화 02-3143-6651
팩   스 02-3143-6652
이 메 일 yasmediaa@daum.net
I S B N 978-89-91105-99-7 (03980)

정가 17,000원

간큰가족의 우당탕탕 세계여행

자녀교육 비전트립

김형윤 지음

YAS야스

소중한 만남!

선교지에서는 종종 그곳이 아니었다면 만날 수 없는 분들을 만나는 행복을 누릴 때가 있습니다. '선교사!' 힘든 일이기도 하지만, 존경받는 호칭입니다. 아프리카에서는 선교사이기 때문에 그 나라 대통령을 비롯한 장관들도 종종 만날 수 있었습니다. 그러나 지독하게 가난한 사람들, 극심하게 어려운 형제들도 많이 만났습니다. 물론 여러 나라에서 온 다양한 선교사들도 많이 만날 수 있었습니다.

내가 이 가족을 만난 것도, 선교사로서의 특권이었습니다.

어느 날, 전화 한 통이 걸려 왔습니다. "김창주 선교사님이세요?" 알지 못하는 번호로 걸려온 음성은 차분했지만, 기대와 호기심이 가득한 목소리였습니다. "누구십니까?" 여쭈었더니, 자기를 소개하고, 꼭 만나고 싶다는 이야기였습니다. 선교지에서 잠시 한국에 나와 있는 시간은 대단히 분주합니다. 선교 보고를 하도록 예정된 교회 주소를 알려드렸고, 거기서 잠시라도 만나자고 약속했습니다. 이렇게 시작된 만남은 마다가스카르와 우리 집, 저와 제 아내의 선교지를 방문하는 만남으로 이어졌습니다.

"아프리카에 가고 싶다"는 이야기는 많이 듣지만, 실제로 아프리카까지 오는 분들은 많지 않습니다. 특히 온 가족을 데리고 아프리카, 마다가스카르로 온다!

쉬운 일이 아닙니다. 그런데 이 가족은 정말, 4식구가 모두 아프리카로 오셨습니다. 자세한 방문기는 재미있는 이 책을 읽으시면 알게 되실 것입니다.

참 건강한 가족들!

예고도 없이 몇 번씩 연기된 항공편! 아프리카에서는 종종 있는 일상입니다. 깊은 밤, 도착하여 숙소에 모셔드렸고, 우리 집에서 식사를 대접했을 때, 열한 살 민준이는 "김치를 보니 눈물이 난다"고 하며 글썽였습니다. 그러면서도 내가 섬기던 신학교에도, 고아원에도, 아내가 봉사하던 무의촌 진료에도 함께 동행했습니다. 전통시장도, 악어농장도, 리모 원숭이도, 순교자 기념교회와 선교사들의 무덤도 보여드렸습니다. 내가 인도하는 대로 무조건 따라오며, 모든 일에 온 가족이 적극적으로 참여하였고, 모든 일을 기쁨으로 감사함으로 맞이하고 임했습니다. 가난하고 어려운 동네 사람들을 만날 때도, 쓰레기 마을을 방문할 때도 전혀 불쾌하거나 싫은 내색을 하지 않았습니다. 참으로 보기 드문, 건강하고 진지한, 그리고 행복한 크리스천의 가정이었습니다.

시간이 흘러...,

필자는 마다가스카르에서의 사역을 잠시 멈추었고, 다시 한국으로 돌아왔습니다. 한국 사회와 교회의 모습이 이처럼 급격하게 변할 줄을 몰랐습니다. 고국의 교회가 너무나 많은 어려움을 겪는 모습을 보고, 다시 한국으로 돌아와서 일하게 되었습니다. 우연히, 정말로 우연히! 알게 된 보경이 가족의 소식은, "하나님 안에서는 우연(偶然)이란 없고, 우리의 눈에는 우연이지만, 그것은 하나님의 필연(必然)"이었습니다. "간 큰 가족의 우당탕탕 세계일주"를 마치고 한국에 돌아온 지 수년만에 이 책을 출판하게 되었다고..., 이 책의 처음이 마다가스카르의 이야기로 시작된다고... 하며 추천사를 부탁했습니다.

평범한 가족의, 참 재미있는 세계 일주 여행!
의미와 보람을 찾는 부부와 사랑스러운 남매의 이야기!
용기와 믿음으로 도전하고, 사랑과 은혜로 보답받은 감동!
꼭 한 번 읽어 보시고, 이런 감동이 있는 인생을 살아가는 용기를 얻으시기 바랍니다.
꾸밈이 없는 진솔한 이야기에 많은 교훈과 감동이 담겨 있습니다.
아름다운 이 가족을 사랑하고 축복합니다!

김창주 목사(전 마다가스카르 선교동역자, 한국기독교장로회 총회 총무)

"여행하는 인간"(Homo Viator)이란 말이 옛 추억 같이 들린다. 코로나 사회가 여행과 활동을 자제할 것을 요구하기 때문이다. 죽음 앞에서 강렬한 생명이 느껴지듯 답답한 삶 속에서 여행의 소중함은 더 크게 다가온다.

성경 말씀은 자체가 영적 여행서이다. 갈대아 우르-하란-가나안-벧엘-이집트 여행을 통해 언약이 시작되고, 하늘나라-베들레헴-나사렛-예루살렘-골고다를 통해 첫 구원이 이루어진다. 이는 다시 하늘나라-새 예루살렘-천년왕국-새 하늘과 새 땅을 통해 구원의 완성을 이루게 된다. 구속역사의 알파와 오메가가 곧 '영적 여행'인 것이다.

김형윤 & 이영애 집사 부부와 보경이 & 민준이는 하나님의 도우심과 보호 속에 순례적 삶을 체험한 바 있다. 386일-45개국 여행은 두고두고 잊을 수 없는 특별한 공통체험과 공통기억이 된 것이다. 가족이 함께 한 "기대-출발-기쁨-재미-불안-두려움-위기-고투-해방-감사"는 그 자체가 축소판 "가족 천로역정"이 되었다. 이러한 여행과 천로역정은 평생 마르지 않는 영적 자양분으로 쓰임 받게 될 것이다.

평신도, 사역자, 청장년을 막론하고 모든 분들에게 일독을 적극 추천 한다. 첫째, 너무나 솔직 담백한 느낌과 사실이 전달되어 절로 웃음과 미소가 끊이지 않는다.

둘째, 너무나 생생하고 역동적인 여행 속으로 모두를 초대하고 이끌어간다. 셋째, 저자의 순전한 신앙과 가족의 따뜻한 사랑이 무르녹아 흐른다. 이는 프렌치 토스트 위에 뿌려진 리치 허니버터와 같다. 넷째, 이루지 못한 꿈으로 지나갈 것을 "일단 한다, 지금 한다, 하고 본다" 정신으로 이루어낸 특유의 용기와 대단한 실천력이 돋보인다. 다섯째, '간 큰 가족의 우당탕탕 세계일주'(world tour)가 "하나님과 함께 한 놀라운 천로역정"(The Pilgrim's Progress)이 될 수 있게 하는 믿음과 신앙고백이 이 책을 빛나게 한다.

김형윤 & 이영애 집사를 삼덕교회 청년으로 만난 이후, 지금까지 26년간 변함없이 그리스도 안에서 신앙지도와 함께 좋은 교제를 나누고 있다. 그때나 지금이나 부부가 순전한 마음으로 주님을 사랑하고, 하나님의 귀한 선물 보경, 민준과 함께 온 가족이 몸 된 교회를 섬기며 성실한 삶을 살아가고 있다. 이 시대가 요청하는 신앙과 삶, 배움과 실천을 하나로 통합해내는 일에, 이 책이 소중한 기여를 할 수 있으리라 기대하며 추천사에 갈음하고자 한다.

이규민 교수(장로회신학대학교 대학원장)

김형윤 집사님의 가족 여행의 소중한 체험을 책으로 나눌 수 있게 되어 기쁩니다. 세계 일주의 꿈을 가족 전체가 함께 이루어가면서 고생하는 여행 속에서 경험하는 일들은 결코 흔치 않습니다. 여유 있는 재정으로 안락한 환경에서 쉬면서 하는 투어가 아니라 묵직한 배낭을 짊어 매고 선교지를 구석 구석 탐방하는 탐험입니다. 영어에서 여행을 의미하는 두가지 단어가 있는데 Travel과 Tour입니다. Travel이라는 단어는 고생하는 사람이라는 뜻으로 여행하기에 안전이 보장되지 않고 교통도 발전하지 않은 시대에 타지를 여행하는 것은 그 자체가 고생이었기 때문이었을 것입니다. 그러나 교통과 안전이 발전된 시대에 안락한 환경 속에서 위험 없는 지역만 다니는 것은 Tour입니다. 사람들은 Tourtist가 되기를 원하지 Traveler가 되기를 원치 않습니다. 김형윤 집사님 가족은 진정한 Traveler로서 체험하고 세계를 품은 그리스도인이 되기를 추구하였습니다. 이 기록들이 많은 사람들에게 도전을 주고 가정을 새롭게 하는 통로가 되기를 원합니다

이재훈 목사(온누리교회 담임)

"흥미진진하다. 재미있다. 푹 빠진다. 다음이 더 궁금해진다." 몇 페이지 만에 바로 든 생각입니다. 젊은 시절 세계 일주를 꿈꿔봤던 이들에게 애써 묵혔던 그 꿈을 다시 떠올려줍니다. 지금부터라도 뭐라도 준비해야 하는 거 아니야 라는 불씨를 심어줍니다. 13개월간 45개국을 여행하던 선교 현장에서 CGNTV의 역할이 얼마나 큰지를 직접 목격하고 증언하시니 CGNTV 본부장으로서 김형윤 집사님에게 남다른 동료애까지 느끼게 됩니다. '간 큰 가족의 우당탕탕 세계여행'에는 기존 여행기에서 찾아보기 힘든 묘한 매력이 내재되어 있습니다. 에피소드마다 상상 너머 실상이, 곧 눈앞에 펼쳐지는 듯합니다. 톡톡 튀는 맛깔난 필력이 별별 경험 과 조우해 어느새 다음 페이지로 인도합니다. 안 보면, 안 읽으면 후회할 거 같은 진정성이 엿보입니다. 코로나19 팬데믹이 끝나면 배낭을 메고 여행의 이유를 찾아 떠나고 싶어집니다. 이번 아프리카 편에 이어 3월 유럽 편, 5월 북, 중남미 편이 나온 다니 벌써부터 기다려지는 이유이기도 합니다.

함태경 (CGNTV 경영본부장, 북경대 법학 "중국정부와 정치 전공" 박사)

여행을 마친지는 여러 해가 지났지만 새삼 이렇게 기록을 남기겠다는 생각을 한 것은 얼마 되지 않은 것 같다.

코로나로 가족들과 지내는 시간이 많아짐에 따라 대화가 많아지고 가족들의 추억을 되새겨 보는 시간을 가지곤 하였다.

주로 보경이와 민준이가 어렸을 때부터 여행한 곳과 에피소드들이다. 기억해 보면 매년 가족여행과 캠핑은 지겨울 정도로 많이 다닌 것 같다. 할아버지 할머니와 함께한 여행도 매년 1회 이상은 되었다. 나는 아버지를 닮아 여행을 정말 좋아하는데, 보경이와 민준이는 요즘 예전 같지 않아 잘 따라다니질 않는다. 엄마 아빠만 가란다.

아니! 나는 같이 갔으면 하는 바램인데 섭섭하게도 애들은 같이 가기를 피하는 것 같다. 그래서 국내 여행 추억 중 좋았던 기억들을 유도하며 같이 하기를 바라지만 서로 대화를 나누다 보면 결론은 세계 일주 이야기로 빠진다. 세계 일주를 한 번 더 간다면 같이 하겠단다. 참~나!

아무리 여행을 다녔어도 세계 일주 기억을 능가하는 것이 없는 것 같다.

한동안 세계 일주의 이야기를 하면서 사진을 보며 기억을 되살리는 시간이 즐거웠다.

처음 준비하면서 루트를 짜고 계획을 세울 때 아무리 참고할 자료를 검색해도 세계 일주를 혼자 또는 부부, 연인, 친구끼리 다녔던 기록은 블로그나 책에서 찾을 수 있었어도 자녀들과 4인 가족이 아프리카 오지까지 계획하고 진행한 사례가 전무하여 무척 힘들었던 기억이 있다. 과연 가능한가? 아프리카는 넣지 말까? 등 여러 고민이 있었다.

하지만, 간 크게 위험한 지역도 모두 넣었다 지금 생각하면 정말 잘했다고 생각한다. 그러면서 우리 가족이 여행을 준비한 기간의 설렘과 여행 중 경험한 잊지 못할 기억들, 새로운 만남과 헤어짐 그리고 또 다른 만남들이 우리 가족의 추억을 넘어 세포 하나하나에 다시 되살아나는 것을 느꼈다.

여행의 가부를 기도로 준비하고 응답받은 순간, 부모님의 반대가 허락으로 변한 순간, 우리 가족의 영적 모임인 코이노니아에 선포한 순간, 집을 내어놓고 세입자를 구하던 순간, 코이노니아 리더이자 장신대 교수이신 이규민 목사님과, 온누리 교회 이기원목사님, 그리고 대구 삼덕교회 원로 목사이신 김태범 목사님에게 축복

기도 받던 순간이. 그리고 무엇보다 떠나기 전날 부모님 집에서 눈물의 감사예배를 드리면서 아버지께 축복기도 받던 순간들을 생각하면 지금도 감사와 찬양이 넘쳐흐른다.

386일 동안의 여행기간 동안, 45개국을 다니는 동안, 4만여km를 운전하는 동안, 수십 번의 비행기와 버스와 기차와 배를 타는 동안 불꽃 같은 눈동자로 지켜주시고 날개 아래 품어주신 하나님을 찬양하지 않을 수 없다.

보경이와 민준이에게 선교의 현장에서 하나님의 일하심을 느끼게 하여 선교의 비전을 심어주기 위해 출발한 여행이었지만 상당히 많은 시간을 선교와 관계없이 여행 자체가 주는 기쁨과 즐거움에 빠지기도 하였었다.

하지만 그때마다 준비해 주신 새로운 사람들을 만나게 하시고, 그 만남으로 깨닫게 해 주신 순간순간이 너무 소중하게 기억된다.

계획하고 찾아간 선교사님들과 생각지 못하게 준비해 주신 하나님의 사람들, 우리 가족의 지경을 넓혀주신 선교사역의 현장에서 CGNTV의 역할이 얼마나 큰지를 직접 목도하고 이를 알리고자 하는 마음과 혹시 나와 같은 마음으로 세계 일주를 계획하고 있는 젊은 부부, 청년들에게 용기와 방향을 제시하기 위해서 이렇게 기록을 남기게 되었다

여행 전 물질로 후원해 주신 가족들과 지인들에게 감사하고, 여행 중 소중한 인연이 되신 김창주 목사님, 임전주 사모님, 민경준 장로님, 황재길 장로님, 강명관 선교사님, 심순주 사모님, 이재삼 목사님과 신소영 사모님께 감사드리며, 오늘날까지 나와 우리 가족을 있게 하신 하나님께 진심으로 감사드립니다.

차례

1. 세계 일주 결단!

2. 마다가스카르

3. 남아프리카공화국

4. 짐바브웨

5. 잠비아

6. 탄자니아

7. 이집트

8. 이스라엘 요르단

1

세계 일주 결단!

프랑크푸르트에서 워밍업

1월 22일 -

9시간을 날아 프랑크푸르트 공항(Frankfurt Main Airport)에 내렸다. 인도양의 섬나라 마다가스카르(Madagascar)에 닿으려면 아직 한참을 더 가야 했다. 독일에서 갈아탈 비행기는 남아프리카공화국행이었다. 요하네스버그 국제공항에서 또 다른 비행기로 갈아타야 마다가스카르의 수도 안타나나리보(Antananarivo)로 갈 수 있었다. 하늘 위에서 머문 시간만 20시간이 넘었다.

양손과 두 어깨에 커다란 짐을 잔뜩 들고 메고 있었다. 다음 달 초등학교를 졸업하는 큰딸 보경이에게 23kg이나 되는 배낭을 맡겼다. 군대에서 행군할 때 꾸렸던 완전군장보다도 훨씬 무거웠다. 아내가 둘러멘 백팩이 28kg, 내 것이 34kg이었다. 이제 막 열한 살이 된 아들 민준이의 가방도 제법 묵직했다. 거기에 배낭보다 더 무거운 캐리어가 다섯 개였다. 아내와 내가 한 손에 하나씩 잡고 끌었다.

항공기 수하물로 허락된 무게를 꽉꽉 채워서 담았다. 1년 동안의 긴 여행은 처음이라 꼭 가져가야 하는 물건과 놓고 가도 되는 것을 구분하기 어려웠다. 무슨 일을 만날지 모른다는 생각에 이것저것 챙겨 넣었다. 안타나나리보에서는 선교사님과 같이 지내기로 약속되어 있었다. 빈손으로 갈 수 없었다. 현지에서 구하기 힘든 한국 음식까지 한아름 챙기다 보니 짐이 많아졌다.

대신 부피가 큰 겨울옷은 조금씩만 챙겨 갔다. 한국은 꽁꽁 얼어있는 한겨울이었지만 아프리카는 뜨거운 여름 날씨였다. 아프리카를 먼저

▲ 독일 도착후 지하철에서

둘러보고 유럽으로 넘어오기로 했다. 그런 다음 아메리카 대륙을 위에서 아래로 훑을 계획이었다. 여름을 쫓아 여행하기로 했다. 가벼운 옷을 주로 입고 다닐 수 있게 아프리카를 첫 행선지로 잡았다.

프랑크푸르트 공항에서 짐을 찾고 나자 당황스러움이 앞섰다. 아는 사람 한 명 없고, 말도 통하지 않는 이방 땅이었다. 아내와 어린 자식들을 데리고 세계 일주에 나섰다는 게 비로소 실감 나는 듯했다. 물어물어 지하철을 타고 예약해 놓은 숙소로 향했다. 그 많은 짐을 끌고 어떻게 낯선 길을 헤쳐나갔는지 잘 기억나지 않는다. 호텔에 들어와 겨우 한숨 돌렸다.

세 밤을 자고 요하네스버그로 떠날 예정이었다. 프랑크푸르트 시내를 천천히 구경하며 바뀐 시차에 적응했다. 뢰머 광장은 중세의 고풍스러움을 물씬 풍겼다. 가까이에 카이저 돔이라 불리는 대성당이 있었다. 신성로마제국의 황제들이 대관식을 치렀던 곳이어서 유심히 살폈다. 라인강의 지류인 마인강의 산책길도 거닐만했다. 작센하우스 지역의 맛집 골목에도 가봤다. 인천의 연안부두처럼 뱃사람들에게 음식을 팔면서 이름이 알려진 곳이었다.

▲ 뢰머광장

▲ 작센하우스 맛집

여러 생각이 오갔다. 세계 일주는 청년 시절부터 잊지 않고 간직해온 꿈이었다. 오래전부터 세상 곳곳에 가보고 싶은 데가 그득했다. 거기서 해보고 싶은 것을 꼽다 보면 열 손가락으로 모자랐다. 이제 마흔두 살 먹은 아저씨가 되어 첫걸음을 내딛게 되었다. 사랑하는 가족과 함께였다. 기대와 설렘이 교차했다.

세계 일주하는 이유가 뭐냐고?

갓 대학생이 된 스무 살에 온 세상을 두루 여행하고픈 바람을 가졌다. 나이 마흔 즈음에 떠나는 게 좋겠다고 마음먹었다. 그때는 아마 아내와 자식 둘을 곁에 두고 오순도순 지내고 있을 것 같았다. 네 가족이 누비는 세계 일주를 머릿속에 그렸다. 막연한 기대였지만 시간이 지나도 사그라지지 않았다. 늘 가슴 한구석에서 꿈틀거렸다.

"우리 10년 뒤에 꼭 같이 가는 거다! 알았지?"

"응, 그래라. 그런데 또 그 소리야?"

결혼하고 나서도 아내한테 심심치 않게 세계 일주 이야기를 꺼냈다. 아내는 건성건성 답하면서 넘겨버렸다. 정신없이 애들을 키우느라 긴 여행을 내다볼 여유가 없었다. 우리 형편이 어떤지 뻔히 알고 있는 마당에 전 세계를 돌아다니겠다고 하니 어디 동떨어진 데 사는 남의 집 이야기로 들렸던 모양이었다.

2005년 온누리교회에 등록했다. 수년간 미등록 교인으로 예배드리다 정착하기로 결단을 내렸다. 바쁘게 직장생활 하느라 신앙이 다소 느슨해졌을 때 하용조 목사님의 설교가 은혜로, 깨달음으로 차곡차곡 쌓였다. 온누리교회에서 예수님을 다시금 깊이 만나게 되었다. 내가 목말라하고 있다는 것을 알게 해주었다.

그해 온누리교회에서 CGNTV를 개국했다. 어려운 환경에서 복음을 전하는 한인 선교사들을 위해 인공위성으로 방송을 내보낸다고 했다. 선교지에 안테나를 달아주는 '드림온' 캠페인도 벌였던 것으로 기억한다. 하용조 목사님이 선포하는 열방을 품은 비전, 선교를 향한 열정이 내게도 고스란히 전해졌다. 모든 그리스도인이 사명을 지닌 선교사라는 메시지를 듣고 있으면 이내 뜨거운 눈물이 흐르고, 가슴이 벅차올랐다.

기꺼이 작정하고 달마다 선교헌금을 드렸다. 평범한 성도인 내가 어떻게 선교 사명을 감당하길 바라시는지도 부지런히 여쭸다. 그러는 사이 오랫동안 그려놓았던 세계 일주의 밑그림이 서서히 바뀌어 갔다. 이전에는 수많은 명소에서 진귀한 체험을 해보는 데에 더 많은 관심을 두었다. 전 세계 구석구석을 다녀봤다는 만족감을 채우려는 마음도 컸다.

그런데 세계 일주를 해야 하는 이유와 계획이 바뀌었다. 선교지를 직접 밟아보고 싶어졌다. 선교사님과 이야기 나누며 교제하면 현지인들과 선교 현장을 이해하는 데 정말 큰 도움이 될 것 같았다. 그리고 어느 순간부터 자녀들에게 선교의 비전을 불어넣어달라는 기도가 나왔다. 어릴 적부터 선교에 대해 배워가기를 바랐다.

세계 일주가 하나님이 창조하신 다양한 민족과 그들이 살아가는 모습을 보여줄 수 있는 더할 나위 없는 기회라는 생각이 들었다. 하나님 나라를 위해 어떤 일을 할 수 있는지 스스로 생각해 봤으면 했다. 내가 설명하고 주입하는 것보다 훨씬 나을 것 같았다. 그때가 딸 보경이가 열 살, 아들 민준이가 일곱 살이었다.

하나님 OK? 당연히 받았지!

막상 세계 일주를 떠나려고 하니 걸림돌이 만만치 않았다. 하나하나 치우면서 준비하지 않으면 안 되었다. 먼저 아이들이 중,고등학생이 되면 1년이라는 시간을 뚝 떼어내기가 아무래도 어려울 것 같았다. 둘 다 아직 초등학교에 다닐 때가는 것이 여러모로 나을 듯했다. 나 역시 가장으로서 생업을 내려놓는다는 게 여간 부담스럽지 않았지만 늘 바라왔던 일이었다. 각오는 하고 있었다.

손에 쥔 재정이 넉넉해서, 경비를 다 마련해 놓아서 결심한 게 아니었다. 대학교를 졸업하고 10년을 보낸 첫 직장에서 나와 조그마한 사업을 하고 있었다. 뜻한 대로 잘 굴러가지는 않았다. 확실히 자리 잡힐 때까지 다부지게 내달려야 할 시기였다. 하지만 거래처가 늘고 매출이 올라가면 그만큼 더 얽매이게 될 것이 뻔했다. 오히려 지금이라는 확신이 굳어갔다. 용기를 낼 수 있었다.

통장을 열어 한푼 두푼 아껴 모아놓은 돈을 셈해 보았다. 네 가족의 항공권과 필요한 물품을 구입하는 데에 큰 금액이 나갈 터였다. 회사 지분을 가지고 있어 매달 들어오는 소득이 있었다. 적지만 여행하는 동안 경비로 보탤 수 있었다. 머물고 있던 아파트는 1년간 세를 주는 것이 적당해 보였다. 세입자가 건네주는 보증금과 월세도 예산에 넣기로 했다. 들여다 볼수록 머리가 복잡해졌지만 더는 걱정하지 않기로 했다.

"나는 그냥 하는 말인 줄 알았지. 애들 교육도 문제고.... 갔다 와서는 어떻게 할 건데?"

"10년 동안 이야기해왔고.... 그때마다 그러자고 했잖아"

새해가 되면서 아내에게 나의 결심을 알렸다. 무조건 간다고 단단히 정해놓고 말했다. 놀란 아내의 두 눈이 동그래졌다. 그때까지 내가 정말 세계 일주를 계획하고 있으리라고 전혀 예상치 못했다고 했다. 차근차근 준비해서 내년에 떠나는 게 어떻겠냐고 아내를 달랬다. 내 고집을 꺾을 수 없다고 여겼는지 곧 마음을 가라앉히고 고민하기 시작했다. 아직 1년이라는 시간이 남아 있다는 생각에 누그러진 것 같았다.

그해 2월 설 연휴가 끝난 뒤였다. 가족들과 한자리에서 잠시 기도하는 시간을 가졌다. 아담한 바구니 안에 '간다'와 '안 간다'가 각각 적힌 종이 두 장을 집어넣었다. 아간과 맛디아를 구별해내고 택했던 것처럼 제비뽑기로 결정하자고 했다.

무엇이 뽑히든지 군말 없이 따르기로 서로 다짐받았다. 괜한 오해가 생기지 않게 아내는 날보고 직접 한 장을 고르라고 했다. '간다'가 나왔다. 순간 내 입에서 환호성이 터져 나왔다.

이제 아버지의 동의를 얻을 차례였다. 자칫 위험천만하게 보일 수 있었다. 주위에 조언을 구할 만하거나 비슷한 경험을 가진 사람을 찾기도 쉽지 않았다. 그만큼 흔치 않은 일이었기 때문이다. 미리 말씀드리는 게 도리였다. 4월경 대구 본가에 계신 아버지에게 전화를 걸었다. 우리 가족이 1년 동안 세계를 돌아보고 올 것이라고 조심스레 말씀드렸다.

아버지가 그토록 흥분하는 모습을 이제껏 접해보지 못했다. 험한말이 섞인 말을 내뱉으신 적도 그날이 처음이었다. 그런데 바로 다음 날 아버지가 내게 전화를 하셔서 어제 소리 지르고 욕해서 미안하다고 사과하셨다. 전날처럼 여행 가려면 너 혼자 가라는 말씀은 안 하셨다. 대신 다시 생각해보기를 간곡히 권하셨다. 한발 물러서는 모양새였다. 아들의 결정을 존중하겠다는 뜻으로 받아들였다. 그리고 본격적인 준비에 들어갔다.

응답의 연속이었어!

교회 순모임 등 가까운 지인들에게도 세계 일주를 계획하고 있다고 나누었다. 다들 갸우뚱하며 믿지 못하겠다는 표정을 지었다. 지난 주일까지만 해도 별이야기 없던 부부가 갑자기 내년 1년을 비우겠다고 하니 속으로 웬 뚱딴지같은 소리냐며 의아해했을 것 같다. 처음에는 그런가 보다 하고 그냥 넘기는 경우가 대부분이었다. 정말 좋겠다고 답해주지만 크게 와닿지는 않는 눈치였다.

진행되어 가는 상황을 주위 사람들에게 꾸준히 전했다. 세계 일주를 준비하는 우리 가족의 기도 제목도 같이 내놓았다. 말에는 권세가 있다고 했다. 머지않아 실제로 이루어지고, 열매를 거둘 수 있도록 사람들 앞에서 계속 입술로 고백했다. 계획한 시간이 다가오는 만큼 기도가 절실해졌다. 내가 한 말에 책임지지 않을 수 없게 배수의 진을 친다는 심정이 담겨 있었다.

같은 해 9월 우리 집에 월세로 거주할 사람을 연결해 달라고 중개사사무소에 부탁했다. 여름의 끄트머리였다. 바람이 서늘해지고 나면 금세 겨울이 되고 해가 바뀔 터였다. 우리 집에 있는 가구를 그대로 두고 사용해야 한다는 애매한 조건을 내걸었다. 딱 들어맞는 사람을 만나기가 쉽지 않았다. 집을 알아보러 왔다가 이불하고, 옷하고, 몸만 오면 된다는 말을 듣더니 전부 고개를 절레절레 흔들었다.

괜한 조건 같은 거 달지 말고 여느 집처럼 계약하기로 했다. 곧 세입자를 만날 수 있었다. 우리 집에 와서 적당히 흥정한 후 같이 도장을 찍었다. 그리고 여기 있는 가구들 다 써도 된다고 슬쩍 떠보았다. 뜻밖이었다. 굳이 그럴 필요는 없을 것 같다며 집안을 쓱 둘러보더니 알겠다고, 자기네가 사용하겠다며 그 자리에서 승낙해주었다.

살림살이를 남겨두고 다녀올 수 있게 되었다. 창고에 맡겨놓거나 버리고 갔다면 또 큰 비용이 들었을 것이다. 마지막 큰 산 하나를 넘은 느낌이었다. 우리가 쓰던 침대만 나중에 처분하기로 했다. 석 달 뒤였다. 12월 31일에 집을 비워주기로 했다. 우리가 정말 떠나긴 하는가 보다 하고 아내가 심경을 내비쳤다. 이제 되돌릴 수 없었다.

책이나 앨범 같은 물건을 빼서 대구 본가로 보내기 시작했다. 아이들 학교에도 휴학 신청서를 써서 냈다. 12월 30일 교회 분들을 불러 같이 식사하고, 집 안 구석구석을 말끔하게 닦아 냈다. 다음 날 세입자가 이사 왔다. 짐이 다 옮겨질 때까지 기다렸다가 잘 써달라고 부탁하고 나왔다. 대구로 향했다. 1월 21일까지 3주 동안 부모님 댁에서 머물 예정이었다.

떠나기 이틀 전이었다. 은퇴장로인 아버지의 인도로 가정예배를 드렸다. 그때 어느 말씀을 읽었는지 아쉽게도 기억나지 않는다. 보경이와 민준이까지 눈물, 콧물 쏟는 예배가 되었다. 하나님이 함께 하신다고, 그러니 두려워하지 말라는 메시지가 우리 가족에게 흠뻑 스며들었다. 마음이 든든해졌다. 예상치 못한 감동이었다.

세계 일주를 준비해온 지난 1년을 돌아보니 응답의 연속이었다. 장애물을 만나 기도하면 마음 상하지 않게 알아서 치워주시고, 뭔가 가로막혀서 또 기도하면 넘어갈 수 있게 이끌어주셨다. 아버지의 허락을 받았을 때 기도의 항아리가 이제 절반쯤 채워졌다고 말씀하시는 듯했다. 나머지 반을 부지런히 채우라는 뜻으로 다가왔다. 월세 계약은 우리 가족에게 보내는 당신의 사인이었다. 하나님이 우리 여행을 기뻐하신다는 확신이 가득 차올랐다.

"형윤아! 여행하면서도 주일성수 꼭 하고, 혹시 교회에 못 가게 되면 이거 가지고 너희끼리 예배드려라"

비행기를 타러 가기 전날이었던 것 같다. 아버지가 예배 순서지를 손에 쥐여주셨다. 찬송가, 성경 본문, 짤막한 설교 내용이 거기 적혀 있었다. 한 장 한 장 손으로 꾹꾹 눌러쓰신 예배 순서지가 벅찬 감동이었다. 아버지의 기도가 녹아들었을 것이 분명했다. 세상 어느 곳이든 두려워 말고 담대하게 밟으며 나아가라는 격려가 되었다.

▲ 출발날 동대구 터미널 부모님과 함께

고생 끝에 아프리카로

1월 24일 -

프랑크푸르트에서 2박 3일을 머문 후 남아프리카공화국으로 떠났다. 마다가스카르에 닿으려면 요하네스버그를 경유해야 했다. 밤에 출발해 다음 날 아침에 도착했다. 남아프리카공화국은 치안이 최악이라는 소문이 자자했다. 2012년 월드컵 대회를 치르는 기간에도 무리 지어 안전하게 다녀야 한다는 말들을 많이 들었다.

요하네스버그 국제공항에서 어설프게 두리번거리면 금방 표적이 되니 조심하라는 말을 들었다. 처음 왔구나 싶은 사람이 택시를 잡아타면 내리는 데까지 쫓아가서 돈을 빼앗는 일이 심심치 않게 벌어졌다. 치안이 만족스러워야 할 대도시인데도 위태롭고 불안정했다. 흉기로 위협하다 살인을 저지르기도 한다고 했다.

마다가스카르 안타나나리보행 비행기는 오후 4시에 출발할 예정이었다. 잠깐 요하네스버그 시내를 구경하고 올까 생각도 해봤지만 무섭고 겁이 나서 도저히 밖을 나갈 엄두가 나지 않았다. 시간 여유는 있었지만 꾹 참았다. 하는 수 없이 공항 안에서 쉬며 오전 시간을 보내기로 했다. 사실 공항만큼 안전한 곳이 없었다.

낮 2시가 되었는데도 티켓팅 부스가 열리지 않아 조마조마해졌다. 전광판을 아무리 올려다봐도 'Antananarivo' 열두 글자가 보이지 않았다. 공항 직원을 찾아가서 물어보았다. 자판을 몇 번 두드리더니 우리가 예약한 항공편은 없다는 말만 반복했다. 굉장히 당황스러웠다. 아직 우리 짐을 컨베이어 벨트에 올리지도 않은 상태였다.

요하네스버그 국제공항도 인천공항처럼 터미널이 두 군데로 나뉘어 있었다. 지나가는 사람에게 도움을 청했더니 반대편 터미널로 가야 한다고 알려주었다. 건너가서 한참을 헤매다 다른 직원에게 물어보니 이쪽이 아니라 저쪽이라고 해서 다시 움직

▲ 요하네스버그 공항,
  마다가스카르항공을 기다리며

였다. 거기서는 손가락으로 우리가 왔던 곳을 가리켰다. 두 터미널 사이의 거리가 상당했다. 그 무거운 짐들을 끌고 서너 번을 계속 왔다 갔다 하다 보니 진이 빠질 지경이었다.

어디서 탑승 수속을 밟아야 하는지 도무지 알 길이 없었다. 비행기를 놓쳐 버린 걸까? 예약을 잘못한 걸까? 온갖 생각이 다 들었다. 안타나나리보에서 김창주 선교사님을 만나기로 했다. 시간 맞춰 나와서 우리를 기다리실 텐데 거짓말한 사람이 될 것 같아 씁쓸해졌다. 큰일 났다는 조바심에 발만 동동 구를 수밖에 없었다.

또다시 공항 직원 한 명을 붙잡고 다급하게 물었다. 자기가 알아보겠다며 예약번호를 검색해보더니 밤 9시로 변경되었다는 말을 전해주었다. 어떻게 아무 연락 없이, 이메일 한 통 보내지 않고 시간을 바꿔버릴 수 있는지 기가 막혀 말이 안 나왔다. 세 번, 네 번 확인하고 또 확인했다. 오늘 21시 비행기가 확실하다고 했다.

티켓팅 부스가 열리자마자 수속을 밟고 일찌감치 출국장을 빠져나왔다. 면세

구역에서 천천히 저녁을 먹으면서 탑승을 기다리고 있었다. 저녁 8시경이었다. 우리가 타고 갈 항공기 편명이 몇 번씩 들리더니 지금 빨리 탑승하라는 안내 방송이 흘러나왔다. 또 한 번 가슴을 쓸어내리며 뛰쳐나갔다. 항공권을 보여주며 9시 출발이 아니냐고 묻자 되려 왜 이렇게 늦었냐고 우리를 나무랐다. 다른 사람들은 벌써 다 탔다는 게 이유였다.

부랴부랴 비행기에 올랐다. 헛웃음이 나왔다. 너무 휑해 두 눈을 의심했다. 이코노미석에 자리한 사람이 열 명이 채 되지 않았다. 우리 가족을 합치면 13명뿐이었다. 마다가스카르로 가는 길이 이렇게 힘들 줄 몰랐다. 공항에서만 11시간을 대기했다. 안타나나리보에서는 은혜로운 일이 있을 거라고 아이들에게 힘주어 말했다.

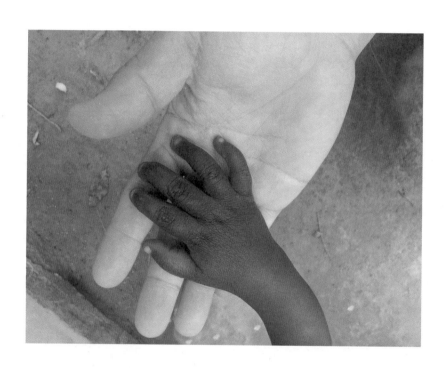

2

마다가스카르

김창주 선교사님을 만나다

1월 26일 -

4시간여를 날아 안타나나리보에 도착했다. 핸드폰을 보니 새벽 12시 20분이었다. 마다가스카르의 첫인상은 그리 좋지 않았다. 비행기에서 내려 화장실을 먼저 찾았다. 배탈이 나서 급하게 뛰어 들어갔다. 순간 멈칫했다. 모든 변기에 시트, 커버가 아예 없었다. 국제공항인데도 제때 청소를 안 했는지 군데군데 검은 자국이 내려앉아 지저분해 보였다. 다리에 힘을 주고 어설프게 걸터앉지 않으면 안 되었다.

요하네스버그에서 서둘러 비행기에 오르느라 김창주 선교사님에게 바뀐 시간을 알리지 못했다. 밤 9시에 이륙한다는 얘기만 카톡으로 전했던 터라 우리가 한 시간 일찍 출발한 걸 모르고 계셨다. 공항 경비에게 부탁하니 순순히 전화기를 빌려주었다. 통화를 끝내고 되돌려주자 돈을 내야 한다며 손바닥을 내밀었다. 그냥 내어준 게 아니었다. 꽤 두툼하게 올려줘야 했다.

얼마 후 김창주 선교사님이 오셔서 우리를 태우고 호텔로 데려다주셨다. 전에 딱 한 번 본 사이였지만 그래도 아는 얼굴이라 반가웠다. 한국을 떠난 지 겨우 며칠 지났을 뿐인데도 같은 모국어를 쓰는 사람을 보니 여간 마음이 놓이는 게 아니었다. 아이들도 든든한 어른을 만나 안심되었는지 긴장했던 표정이 한결 누그러졌다.

김창주 선교사님은 본래 서울 성북구 돈암동의 예닮 교회를 섬기던 담임목사였다. 교인들로부터 많은 사랑을 받았다. 당회장으로 7년을 채우고 나서 아프리카 선교사로 가겠다는 바람을 전했다. 심한 반대에 부딪혔다. 왜 자기들을 버리고 다른 곳으로 가느냐고 교인들의 아우성이 이만저만이 아니었다. 그러나 어릴 때부터 기도하던 소원을 따라 아프리카 선교를 준비했다.

출석 교인이 1200명이 넘는 교회에서 칭찬받는 목회를 꾸려가고 있었다. 많은 사람이 부러워하는 자리였다. 나이 일흔이 될 때까지 내려오지 않아도 누구 하나 뭐라고 할 사람이 없었다. 그러나 하나님과의 약속 때문이었다. 어렸을 적 아프리카 오지에 가서 복음을 전하겠다고 기도했던 것을 잊지 않고 가슴에 담아두고 있었다.

마다가스카르를 세계 일주의 첫 행선지로 정한 건 유명한 바오밥나무 때문이었다. 아내가 생텍쥐페리의 동화 〈어린 왕자〉에 나오는 바오밥나무를 직접 보고 싶어 했다. 무작정 '마다가스카르 선교사'를 검색해보았다. '김창주'라는 이름이 떴다. 마침 11월에 한국에 들른다는 소식이 공지되어 있었다.

당회장으로 시무했던 예닮 교회에서 수요예배 때 선교보고를 하실 예정이라고 나와 있었다. 해당 날짜에 맞춰 아내와 그 교회를 방문했다. 안타나나리보의 선교 이야기를 들으면서 동참하고픈 마음이 생겼다. 관광하며 다니는 투어가 아닌 선교 현장을 밟는 비전트립이 되면 좋을 듯했다. 그래서 마다가스카르에 먼저 들르고 나서 아프리카 대륙을 둘러보기로 했다.

수요예배가 끝나자 너도나도 김창주 선교사님이 계신 곳으로 몰려들었다.

담임목사로 모셨던 교인들이라 서로를 잘 알았다. 어느 권사는 얼마 전에 우리 아들이 제대했다고 안부를 전하고, 다른 청년은 곧 결혼한다는 소식을 수줍게 알렸다. 30분여를 기다렸다. 성도들이 다 지나가고 난 다음 다가가서 이메일 보내드린 사람이라고 인사했다. 일면식도 없는 우리를 너그러이 맞아주셨다. 그리고 오게 되면 꼭 연락하라라면서 현지 집 주소와 전화번호를 적어주셨다.

김창주 선교사님은 안타나나리보에 자리한 신학교에 교수로 몸담고 있었다. 무보수로 학생들을 가르쳤다. 고아원 사역과 빈민 사역도 같이 짊어지고 있었다. 산부인과 전문의인 임전주 사모님은 현지 보건소에서 일하면서 빈민 의료 사역을 감당했다. 일주일에 이틀은 종합병원에서 근무하며 산부인과 수술을 집도했다.

안타나나리보 교회는 순교의 열매였어

1월 26일 -

안타나나리보에 도착한 날이 주일이었다. 호텔에서 잠시 눈을 붙인 후 안타나나리보 한인교회에 가서 첫 주일예배를 드렸다. 선교사님과 사모님이 우리를 태워다 주셨다. 안치라베라는 도시에서 사역하는 강원병 장로님과 그분을 파송한 대전 성은교회의 목사님과 권사님 두 분이 방문차 와계셨다. 마다가스카르에 이민 와서 그날 처음 출석한 다른 가족도 있었다. 우리 가족까지 새 얼굴이 가득했다.

▲ 안타나나리보 한인교회

예배를 마치고 옹기종기 둘러앉아 고추장 넣은 비빔밥을 먹었다. 강원병 선교사님
이 농사지은 풋고추까지 식탁에 올라왔다. 입을 귀에 걸고 흐뭇하게 식사 기도
를 드렸다. 며칠 만에 대하는 한국 음식이 그렇게 반가울 수 없었다. 현지인들은
간단히 '타나'라고 안타나나리보를 줄여 말했다. 식사를 마치고 선교사님 내외와
장로님 부부, 성은교회에서 오신 분들과 같이 '타나 시내'로 나섰다. 마다가스카르
기독교 역사에서 빼놓을 수 없는 뜻깊은 교회들을 탐방하기로 했다.

차를 타고 타나의 젖줄인 이쿠파 강둑길을 달렸다. 지금처럼 우기에는 비가
오면 시뻘건 황토물이 쏠려내려 온다는 설명을 들었다. 이곳 사람들은 저 물로
목욕도 하고 빨래도 하며 지낸다고 했다. 강둑 비탈진 바닥에 형형색색의 옷들이
펼쳐져 있었다. 빨래한 옷을 말리는 중이었다. 강 건너편에 집채만 하게 쌓아

▲ 이쿠파 강둑(황토물)

올린 황토 벽돌 무더기들이 보였다. 강물에 쓸려온 황토를 가지고 저렇게 벽돌을 만든다고 했다.

암부히푸치(Ambohipotsy) 예배당으로 갔다. 마다가스카르 사람들을 다른 말로 '말라가시'라고 부른다. 19세기 초, 라마다 1세 때 마다가스카르에 기독교가 전해졌다. 그의 아내 라나발로나 1세가 뒤를 이어 왕위에 올라 기독교를 박해하기 시작했다. 1837년 라살라마(Rasalama)라는 사람이 믿음을 포기하지 않은 대가로 죽임을 당했다. 그로부터 30년 뒤인 1868년 첫 번째 말라가시 순교자를 기억하기 위해서 그의 이름을 띤 기념교회가 세워졌다.

그 교회 옆 마당에 세워진 여러 묘비가 눈에 들어왔다. 우리나라의 양화진처럼 마다가스카르에서 복음을 전했던 외국인 선교사들이 묻혀 있었다. 이름 밑에

▲ 순교자비를 설명하시는 김창주목사

출생일과 사망일을 새긴 묘비
들을 지그시 바라보았다. 꽃
망울도 제대로 피우지 못한
어린아이, 이름조차 모르는
이의 묘소를 지나칠 때는 왠지
마음이 편치 않았다. 한 가족
이 함께 있는 묘소도 있었다.

▲ 선교사가 처음 세운 교회

이들이 어떻게 마다가스카르에 하나님의 빛을 비추었을지 궁금해졌다.

영국성서공회에서 신구약 성경을 말라가시 언어로 번역한 것을 기억하는 기념비
도 만났다. 뜻밖이었다. 양손으로 펼쳐 든 성경책이 마다가스카르 지도 위에 놓

인 모양이었다. 성경책에 새겨진 글자 세 줄 가운데 한 줄이 'velona sy mahery'
이었다. 나중에 번역기에 돌려보았다. 'alive and powerful'로 나왔다. 하나님의
어떠하심을 말하고 있는 것 같았다. '아멘'이라고 속삭였다.

이어 김창주 선교사님이 가르치고 있는 신학대학교를 방문했다. 건물 벽에

▲ 마다가스카르 FJKM 신학대학교

'REFORMED UNIVERSITY OF MADAGASCAR'
라고 파란색 글자가 크게 칠해져 있었다. 조용
히 감사기도를 드렸다. 선교사님과 연결되어
서 감사했고, 말씀이 심기고 있는 현장에 와서
감사했다. 이곳 학생들을 당신의 일꾼으로
견고히 세우시고 널리 흩으시기를 기도했다.

"1849년 절벽에서 던져져 죽은 14명의 기독교
순교자를 기념하기 위해 1874년 교회를 세웠다."
암파마리나나(Ampamarinana)교회 입구

팻말에는 순교자들을 기리며 이 예배당을 지었다는 내용이 쓰여 있었다. 불어,
말라가시어, 영어 순으로 표기해 놓았다. 여왕 라나발로나 1세는 집권해 있던 30
여 년간 무자비하게 백성들을 탄압했다고 한다. 사람을 자루에 넣고 꿰매서 서서
히 숨을 못 쉬게 만들고, 톱으로 사지를 잘라버리는 등 자신의 편에 서지 않는 사
람들에게 잔혹함을 감추지 않았다.

암파마리나나교회는 높은 바위 언덕 위에 자리했다. 교회 한쪽 옆은 아찔한
천길 낭떠러지였다. 100m는 족히 넘어 보였다. 그곳에서 기독교인 14명을 절벽
아래로 던져버렸다. 순교자 기념비가 세워진 곳으로 갔다. 절벽 끝에서 안타나나리보

를 멀리 내다보고 있었다. 하나님이 함께 하신다고, 그분이 반석이시라고 나직이 말해주는 듯했다. 예배당 안에서 어린 두 소녀를 만났다. 우리에게 환한 미소를 보내주었다.

▲ 암파마리니나 순교자 기념교회

빈민촌 사람들과 함께 보낸 하루

1월 27일 -

　월요일 아침, 빈민촌으로 향했다. 차로 한참을 달렸다. 남아프리카공화국에서
온 레이니어 선교사가 월요일 점심마다 그곳에서 무료로 밥을 지어주고 있었다.
임전주 사모님과 김창주 선교사님은 한 달에 한 번씩 방문해 의료봉사를 한다고
했다. 벌목공들이 일하는 곳이었다. 벌목한 나무를 적당히 잘라 숯을 만들었다.

▲ 비타민을 나눠주고 계시는 김창주 목사

일찍부터 나와서 일하는 것 같았다. 쉬는 시간인 듯 사람들이 흙바닥에 듬성
듬성 모여 앉아 밥을 먹고 있었다. 아침 식사인지 새참인지 구분이 안 되어 고개
를 갸웃했다. 하얀 쌀밥을 숟가락으로 뜨는데 반찬이라고 할만한 게 보이지 않
았다. 주식이 쌀인데도 쌀값이 비싸다고 했다. 어쩜 쌀을 마련하느라 다른 음식
을 구하지 못한 게 아닐까 어림짐작해 봤다. 저게 한 끼 식사라고 생각하니 미간
이 절로 찌푸려졌다.

먼저 사모님을 도와 임시
진료소를 차렸다. 우리나라
정자와 비슷한 곳이 있었다.
나무 기둥을 네 모서리에 하나
씩 세우고 그 위에 기와지붕
을 세모나게 올렸다. 지붕 아래
있는 나무 테이블을 걸레로

▲ 빈민촌 의료선교 현장

쓱쓱 닦아 벌레들을 털어내고 체크무늬 테이블보를 깔았다. 여러 약품과 혈압계
를 가지런히 올려놓고 사람들을 기다렸다.

10시쯤 되어 진료를 시작했다. 사실 가져간 약품이 그리 많지 않았다. 간단히
진료해서 약을 쥐여주고, 혈압을 재주는 게 전부였는데도 많은 사람이 찾아왔
다. 할머니와 꼬맹이 손주들이 대부분이었다. 보경이와 민준이는 임전주 사모님
이 일러주는 대로 개수를 세서 약을 봉지에 담는 일을 맡았다. 두세 시간 정도 환자
들을 돌보고 점심을 나눠주기로 했다.

김창주 선교사님은 돌아다니면서 비타민을 건네주었다. 사탕처럼 입 안에서

녹여 먹는 알약이었다. 빈민촌 사람들이 먹는 게 변변치 않아 이렇게라도 꼭 챙겨 줘야 한다고 했다. 일일이 다가가서 한 알씩 주고 입에 넣는 것을 확인했다. 친절하게 말을 붙이면서 안부를 물었다. 말라가시를 안타깝게 여기고 진심으로 사랑하는 마음이 묻어나왔다. 아름답게 보였다. 얼른 카메라에 담았다.

한쪽에서는 점심 식사 준비가 한창이었다. 묵직한 돌들을 개어서 솥을 올리고 그 밑으로 솔방울과 장작을 넣어서 불을 지폈다. 네 개의 큰 솥에서 김이 모락모락 피어올랐다. 레이니어 선교사가 남아공에서 들여왔는지 알루미늄 솥을 가져다 놓았다. 아내가 좋은 솥이냐고 묻길래 무쇠솥보다 괜찮은 거라고 대답해주었다. 아마 귀국하는 길이었으면 구해서 가져왔을 것이다.

▲ 현지인 선교사의 설교모습

진료받은 사람들을 한쪽으로 모았다. 맨바닥에 앉혀놓고 말씀을 전했다. 말라가시 목사님이 목소리를 높여 하나님에 대해 알렸다. 마이크도 없이 오로지 입에서 나오는 소리만 가지고 열정적으로 진리를 들려주었다. 목이 다 쉬고 갈라지는데도 그치지 않았다. 광야에서 엘리야가 외치고, 세례 요한이 외치던 모습이 저랬겠구나 싶을 만큼 온 힘을 기울였다. 말라가시 말을 전혀 알아듣지 못했음에도 감동이 물밀듯 밀려왔다.

사람들이 음식 만드는 데로 슬금슬금 모여들었다. 여러 야채와 토마토를 잔뜩 넣고 쌀이랑 펄펄 끓였다. 뜨끈뜨끈한 죽이 만들어졌다. 저마다 담아 먹을 그릇과 숟가락 하나씩 들고 길게 줄지어 섰다. 어른, 아이 할 것 없이 전부 맨발이었다. 다 닳은 슬리퍼라도 신고 있는 사람을 오히려 찾기 어려웠다. 자기 신발을 가져본 적도 없는 아이들이 수두룩했다. 설령 신발이 있어도 아까워서 맨발로 다니는 이들이었다. 가슴이 아팠다.

올망졸망 서 있는 아이들이 귀엽고 깜찍해서 서너 살 정도 된 줄 알았는데 대부분 대여섯 살 먹은 애들이란다. 못 먹어서 저렇다고 했다. 한 번은 할머니가 축 늘어진 갓난아기를 임전주 사모님께 데리고 왔다. 영양실조로 다 죽어가고 있었다. 응급 상황이었다. 바로 병원으로 옮겼다. 그리고 마다가스카르 정부에서 지원하는 의료시설을 찾아 도움을 청하고 조치했다. 두 살 된 "파누메나짜쭈"(선물이라는 뜻의 이름) 그 아이의 이름이다. 건강을 회복해 아장아장 잘 걸어 다니고 있었다.

동생을 업고 온 아이를 봤을 때 한편으로 측은한 마음이 들었다. 맘껏 뛰어놀 아도 모자랄 꼬마 애가 일하러 나간 엄마 대신 온종일 동생을 돌보았다. 지난번

치료로 좋아졌는데 한 달 사이 같은 자리가 다시 곪아서 온 말라가시는 그들의 고단한 처지가 어떠한지 말해주는 듯했다. 레이니어 선교사가 한 국자씩 음식을 퍼주었다. 어쩌면 빈민촌 사람들에게 그날의 첫 끼니이자 마지막 식사가 되었을지도 모른다.

한국에서 고무줄 팔찌를 만들어 한 움큼 가져갔다. 보경이와 민준이가 팔찌를 한 번, 두 번 꼬아서 아이들 손목에 채워주었다. 작은 선물에 만족해하며 아이들이 배시시 웃었다. 빈민촌 어른들도 어린이처럼 해맑았다. 카메라만 들이대도 천진하게 좋아했다. 금세 서로 친밀해졌다. 마음에 꾸밈이 없는 순박한 사람들이었다.

보경이, 민준이에게도 남다른 하루였을 것이다. 많은 것을 마음에 담길 바랐다. 그만큼 속사람이 깊어지고 넓어질 터였다. 오늘 어땠냐고 물어보려다 그냥 말았다. 한국에서 나온 지 겨우 일주일 지났을 뿐이었다. 아내도 같은 생각이었다. 아내가 블로그에 그날의 소회를 남겼다.

"오늘 하루 보경이와 민준이는 무엇을 느꼈을까? 아이들에게 물어보지 않았다. 마음 깊이 잘 간직하길 바라는 마음에…"

고아원 아이들을 위해 찰칵찰칵!

1월 28일 -

FJKM 교단의 총회 사무실에 방문했다. Fiangonan'i Jesoa Kristy eto Madagasikara의 약자로 옮겨 쓰면 마다가스카르 예수 그리스도 교회가 된다. 김창주 선교사님이 속한 곳이었다. 안타나나리보 시내에 자리했다. 건물 입구에 파란색으로 FJKM 글자만 크게 쓰여 있었

▲ 총회건물

다. 교단 마크 같은 거는 보이지 않았다.

번화가 한복판이었다. 건물 옥상에 올라가니 안타나나리보 시내가 시원하게 펼쳐져 있었다. 가까운 언덕배기는 주택가였다. 꼭대기까지 집들이 빼곡했다. 다른 쪽은 도심의 중앙로였다. 8차선 너비의 녹지가 찻길을 양옆에 끼고 기다랗게 조성되어 있었다. 마다가스카르가 프랑스로부터 독립한 것을 기념해 독립거리라고 이름을 붙였다. 마다가스카르의 지난 역사와 사람들의 특성을 선교사님이 짧게 훑어주셨다.

▲ 총회건물 옥상

▲ 큰 시장이 바라보이는 시내전경

총회 건물에서 길 하나만 건너면 시장이었다. 옥상에서 내려다보다가 본격적으로 시장 구경에 나섰다. 우리나라 도깨비시장, 남대문시장 뒷골목과 비슷한 분위기지만 안타나나리보에서는 시내 중심가의 세련된 상가로 알려진 곳이었다. 남의 물건을 도둑질하고 탈취하는 말라가시가 늘어나 여행객들이 피해를 보는 경우가 간혹 생긴다고 했다. 궁핍해서였다. 위험을 대비해 선교사님이 보경이 손을 꼭 잡고 다니며 안내해주셨다.

달걀을 마치 사과 팔 듯 넓은 바구니에 잔뜩 쌓아 놓았다. 마다가스카르 화폐 단위는 아리아리이다. 달걀 한 알이 300아리아리였다. 우리 돈으로 150원을 줘야 했다. 그곳 서민들에게는 큰맘 먹고 사야만 하는 비싼 가격이었다. 현지인 음식에 자꾸 눈길이 가자 선교사님이 먹으면 탈 난다고 손을 내저으셨다. 궁금해서 자세히 보니 파리떼가 들끓었다.

안타나나리보가 해안가랑 상당히 떨어진 지역인데도 생선 가판대가 빽빽하게 늘어서 있었다. 석화가 간혹 보이긴 했지만 대부분 반건조 된 생선들을 줄로 엮어서 팔았다. 역시나 파리가 눌러앉아 있었다. 저걸 먹는다고 생각하니 내키지 않았다. 우리나라가 1960년대 초까지 이러지 않았을까? 정육점에도 냉장 시설이 없었다.

다른 쪽에서는 플라스틱 대야에 세제를 풀어서 열심히 운동화를 빨고 있었다. 또 다른 대야에 여러 번 담그면서 헹구더니 눈에 잘 띄게 널었다. 한국에서 온 구제 신발이었다. 마다가스카르에서는 귀하디귀했다. 우리가 안 입는다고 의류함에 넣은 옷이 바다를 건너와 잘 나가는 인기 품목이 되었다. 한글로 무슨 무슨 유치원이라고 적힌 가방도 많았다.

오후가 되기 전 FJKM에서 물심양면 지원하는 고아원으로 갔다. 수개월 된

젖먹이부터 고등학생까지 1백 명 가까운 아이들을 돌보는 고아원이었다. 벽돌 쌓은 건물이 거의 지어져 가고 있었다. 어느 날 들이붓듯이 거센 비와 싸이클론이 내리치면서 지붕이 뜯겨 나갔다. 하필 영아들이 잠자는 쪽이었다. 영국 선교회에서 90%, 그리고 한국의 한 교회에서 10%의 비용을 내고 재건축에 착수했다. 지붕이 튼튼하고 예쁘게 올라갔다며 김창주 선교사님이 흐뭇해하셨다.

▲ 고아원 아이들과

고아원 앞마당에서 꼬마 아이들이 재잘재잘 노는 소리가 들렸다. 우리나라 사방치기랑 비슷한 놀이를 하고 있었다. 민준이가 땅바닥에 금을 긋고 우리 식으로 하는 방법을 알려주었다. 아이들이 금방 알아들었다. 돌을 하나씩 골라 들고 칸 안에 던진 다음 깨금발로 뛰어서 건너편으로 넘어갔다. 말은 안 통해도 친해지는데 전혀 문제 되지 않았다. 재밌게 같이 놀았다.

점심 먹을 시간이 되자 아침에 등교했던 고등학생들이 돌아왔다. 학교급식이 없어 밥을 먹고 다시 간단다. 겨우 닭 한 마리 넣고 끓인 말간 국물에 밥을 말아서 떠먹었다. 그날 고아원 점심 식사였다. 반찬은 따로 없었다. 하루에 빵 한 조각으로 때우는 날이 부지기수고, 한 끼도 못 먹고 잠드는 날도 심심치 않게 맞는다고 했다. 그곳 아이들은 배부르게 먹어본 기억

▲ 고아원 점심

이 거의 없다고 들었다. 착잡해졌다.

준비해간 사진 인화기를 꺼냈다. 핸드폰과
연결해 쓰는 손바닥만 인화기였다. 한 명씩
세워놓고 독사진을 찍었다. 얼굴이 출력되어
나올 때마다 아이들이 박수하며 깡충깡충 뛰
었다. 자기 사진 한 장 가져보지 못한 아이들
이었다. 친구 얼굴과 사진을 몇 번이고 번갈아
쳐다보며 신기해했다. 배터리가 금방 닳아 보조
배터리로 충전하면서 뽑았다.

출력한 사진을 한데 모아 선생님에게 드렸
다. 한 장 한 장 넘겨보는 선생님의 얼굴에도
웃음이 가득 고였다. 선생님이 사진을 세워서
들고 빙 둘러 보여주면 아이들이 고개를 뒤로 젖히며 까르르댔다. 사진 한 장으로

모두가 행복해졌다. 낱장에 1천 원꼴 하는 인화지를 500매가량 구매하면서 너무

많지 않나 싶었었는데 가져갈 정말 잘했다
는 생각이 들었다.

"뷰러를 하지 않았는데 어쩜 이렇게 속눈썹
이 예쁘게 올라가? 너무 부럽다."

아이들에게 둘러싸인 보경이가 서운하지
않게 손을 골고루 잡아주며 귀여워해 주었
다. 정말 예쁜 눈을 가졌다. 때 하나 묻지 않은

맑은 눈망울이었다. 겨드랑이 밑에 손을 넣어 한 명씩 위로 번쩍 올려주었다. 예뻐하지 않을 수 없었다. 아이들이 내 앞으로 몰려들어 줄을 서기 시작했다. 20~30명 던져주고 나니 힘에 부쳤다.

옆에 서 있던 민준이에게 네가 해주라고 부탁했다. 잠시 윗공기를 마신 아이들은 또 얼른 뒤로 뛰어가서 다음 차례를 기다렸다. 이제 그만해도 된다고 말릴 때까지 민준이가 땀을 뻘뻘 흘리면서 열심히 들어 올려주었다. 보경이와 민준이가 마다가스카르 아이들을 스스럼없이 대하는 모습에 뿌듯했다. 전혀 어색해하지 않고 동생들 돌보듯 잘 어울렸다. 둘 다 착한 심성을 지닌 것을 가까이서 볼 수 있었다.

무룬다바로 가는 길

1월 29일 -

무룬다바로 향했다. 바오밥나무 군락이 거기 있었다. 전날 저녁 선교사님이 마다가스카르에 왔으면 꼭 가봐야 한다며 몇 군데를 짚어주셨다. 아침 6시에 출발했다. 우리 가족이 타고 갈 자동차 한 대를 빌렸다. 기사가 달려 있었다. 마다가스카르 중부의 교통 요지인 안치라베를 거쳐야 했다. 남서쪽으로 10~12시간 정도 계속 밟으면 닿을 수 있을 거라고 선교사님이 알려주셨다.

출근 시간이 가까워지자 사람들이 거리로 나오기 시작했다. 9인승 승합차 크기의 시내버스가 다녔다. 마다가스카르 버스에는 안내맨이 있었다. 예전 우리나라의 안내양을 떠올리게 했다. 사람들이 우르르 몰려가더니 비집으며 몸을 끼워 넣었다. 20명가량이 기어코 그 작은 차에 다 타는 걸 두 눈으로 보고서도 믿어지지 않았다.

임전주 사모님도 매일 저런 시내버스를 타고 출퇴근했다. 한 대 있는 차는 신학교와 총회를 수시로 오가야 하는 김창주 선교사님이 주로 몰았다. 매달리듯 버스에 올라탄 사람 중에 외국인은 언제나 사모님 한 명뿐이라고 했다. 한국에 머물렀으면 담임목사로, 의사로 여유로이 지내셨을 텐데…. 하나님 나라를 위해 누릴 수 있는 전부 내려놓고 고생을 자처하는 두 분이 다시금 대단하게 느껴졌다.

지평선이 사방으로 펼쳐진 초원을 달리고 달렸다. 골프장 수천 개를 넉넉히 지어도 되겠다 싶을 만큼 드넓고 광활했다. 저 멀리 회색 비구름이 몰려 있고 그 밑으로 비 내리는 모습이 보였다. 비가 떨어지는 구역 옆에는 햇볕이 내리쬐고 있었다. 여러 물기둥이 생긴 것처럼 같은 비구름 아래 비가 군데군데 쏟아지는 장면은 그야말로 장관이었다.

▲ 비구름

멀리 지평선 가까이 맑은 하늘을 바라보면서 집중호우 속으로 들어가는 경험도 했다. 비가 그치자 구름 사이로 무지개가 방긋 나왔다. 또 다른 비를 만난 뒤에는 더 큰 무지개가 공중에 그어졌다. 세 번째는 예쁜 쌍무지개였다. 마냥 신기해하며 쳐다봤다. 하루에 세 번이나 일곱 빛깔 무지개를 마주하게 된 건 그때가 처음이었다.

 초원에 수많은 흙무더기가 봉긋봉긋 솟아올라 있었다. 중간에 쉬어갈 때 내려서 확인해봤다. 어른 한아름이 모자랄 정도로 큼지막했다. 운전 기사가 이런 게 죄다 개미집이라고 가르쳐주었다. 얼마나 단단한지 내 묵직한 발뒤꿈치로 내려찍어도 끄떡없었다. 산 밑에는 땅바닥과 똑같은 색깔의 붉은 토담집이 옹기종기 모여 있었다. 짚으로 지붕을 얹었다. 마치 장난감 블록으로 만든 것처럼 한 채 한 채가 반듯하고 말끔했다. 무척 정감 넘쳐 보였다.

보통 사륜구동차를 전세 내서 관광지로 가는데 우리는 비용을 조금이라도 아껴보려고 저렴한 차를 빌렸다. 도로 사정도 그리 좋지 않았지만 아무래도 값싼 차이다 보니 속도를 시원하게 낼 수 없었다.  자꾸 검문에 걸렸다. 고가의 차량과 외국인들이 탑승한 자동차는 붙잡지 않는다던데 곳곳마다 빼먹지 않고 우리 차를 멈춰 세웠다. 여권을 보여주며 무룬다바로 가는 길이라고 몇 번을 설명했는지 모른다.

오후 6시 드디어 바오밥나무 군락 입구에 다다랐다. 거기서 3km를 더 들어가야 했다. 마다가스카르의 1월은 우기 한가운데여서 밤마다 큰비가 한 차례씩 쏟아졌다. 한 1km 정도 달렸을까? 전날 밤에 내린 비 때문에 길목에 없던 연못이 떡하니 생겨버렸다. 비가 심하게 오면 도로가 깊게 파이기도 하고 물이 불어나 길이 아예 없어지기도 한단다.

운전기사는 자신의 차를 물에 담글 수 없다며 손사래를 쳤다. 이 길로 절대 갈 수 없다는 제스처만 계속 내보였다. 물웅덩이를 마주쳐도 쉽게 빠져나올 수 있게 사륜구동차를 타야 한다는 것을 그제야 실감했다. 바오밥나무 군락의 일몰을 보고 싶었지만 어쩔 수 없었다. 아쉬움을 뒤로 하고 30분을 되돌아가 숙소로 갔다.

피곤한 몸을 이끌고 호텔 옆 식당으로 들어갔다. 바닷가재요리가 굉장히 저렴하다는 얘기를 들은 터였다. 노량진수산시장에서 파는 거보다 훨씬 커다란 바닷가재한 마리가 4만 아리아리였다. 원화로 2만 원

남짓이었다. 네 식구가 달려들어 허기진 배를 채웠다. 맛있는 음식을 먹으니 금세 행복해졌다. 언짢았던 마음은 어느새 사그라지고 없었다.

바오밥나무 직접 본 적 있어? 난 있어!

1월 30일 -

새벽 4시 30분에 호텔에서 나왔다. 바오밥나무 군락의 일출을 보기 위해 무거운 몸을 일으켰다. 어제 봤던 물웅덩이가 내심 걱정되었지만 일단 출발했다. 기대가 실망으로 바뀌는 데에 오랜 시간이 걸리지 않았다. 어디서 흘러들어왔는지 물이 더 불어나 있었다. 역시나 운전기사는 더는 못 간다며 표정을 싹 바꿔버렸다.

그렇다고 포기할 우리가 아니었다. 2km 남짓 되는 길을 걸어서 가기로 했다.

한 시간은 족히 걸릴 것 같았다. 신발을 벗어 손에 들고 웅덩이를 건넜다. 일출을 놓칠지 몰라 걸음을 재촉했다. 얼마 가지 않아 또 다른 웅덩이를 만났다. 지나가던 말라가시들이 멈춰서서 우리를 구경했다. 외국인들이 맨발로 물을 헤치며 가는 게 신기했던 모양이다.

두어 번 더 신발을 벗었다가 다시 신었다. 아직 어두운 새벽이라 조심조심하며 발걸음을 옮겼다. 말라가시가 보이면 "쌀라마!"하고 아침 인사를 건넸다. 사실 캄캄한 시간에 흑인 원주민이 쓱 나타날 때마다 무서워서 마음이 작아졌다. 파리가 얼마나 많이 꼬이는지 두 손은 얼굴 앞을 연신 휘젓느라 바빴다. 힘들었을 텐데 불평 한마디 없이 잘 따라와 준 우리 애들에게 고마웠다.

열심히 발품을 팔아 바오밥나무 거리로 들어갔다. 널찍한 길에 바오밥나무들이 수십 미터 간격을 두고 줄지어 늘어서 있었다. 〈어린 왕자〉에 등장하는 바오밥나무

는 울퉁불퉁하고 뭉툭한 이미지였는데 무룬다바의 바오밥나무는 그와 다르게 매끈하고 훤칠했다. 이름하여 '그랑바오밥'이다. 일자로 쭉쭉 뻗은 자태가 정말 근사했다.

새벽 미명과 구름 하늘, 바오밥나무가 디딘 땅이 아름답게 어우러졌다. 우기라 수풀 지역이 대부분 물에 잠겨 있었다. 물가에 하늘하늘 비친 바오밥나무의 모습에도 탄성을 내뱉었다. 마구 셔터를 눌러댔다. 찍는 족족 좋은 그림이 나왔다. 해가 구름에 가려 일출을 보지 못했지만 바오밥나무와 바오밥애비뉴에 흠뻑 매료되어 아쉬워할 새가 없었다.

마다가스카르에는 전세계에 있는 6종류의 바오밥 중 5종류가 서식한다고 들었다. 그리고 바오밥나무의 반 이상이 무룬다바에서 자라고 있다고 한다. 1천 년 세월을 보낸 나무가 상당하다고 들었다. 키가 20m가 넘는 큰 나무는 장정 대여섯 명이 힘껏 두 팔을 벌려도 다 둘러싸지 못할 만큼 밑동이 굵직했다. 줄기

밑부분을 파내고 그 안에 식량을 보관했던 적도 있었다고 했다.

날이 밝자 슬슬 배가 고파졌다. 왔던 길로 되돌아 나왔다. 우리가 발을 담갔던 물웅덩이가 해가 비쳐 환히 보였다. 새벽에는 어둑어둑해서 몰랐는데 소똥이 둥둥 떠다니고 있었다. 정말 내키지 않았지만 신발을 또 벗어야 했다. 숙소로 가려면 어쩔 수 없었다. 다리에 닿지 않게 최대한 멀찌감치 피해서 건넜다. 어이가 없어 웃음만 나왔다.

저녁에 바오밥나무 군락을 다시 찾았다. 일몰을 꼭 보고 싶었다. 보경이와 민준이는 숙소에 재워두고 왔다. 어제 거의 13시간을 차 안에서 보냈고, 오늘도 새벽 일찍부터 움직이는 바람에 지쳐 있었다. 아내와 둘이 바오밥나무를 눈에 담으며 해가 지기를 기다렸다. 이미 많은 사람이 자리를 잡고 앉아 있었다.

아프리카의 커다란 태양이 지평선을 주홍빛으로 물들이면서 땅 아래로 조금씩 자취를 감춰 갔다. 이어 구름이 분홍색으로 옷을 갈아입자 바오밥나무에도 서서히 실루엣이 드리워졌다. 〈어린 왕자〉의 주인공은 몹시 슬픈 날 바오밥나무에 걸친 석양을 마흔네 번이나 바라봤다. 우리도 말없이 감상에 젖었다. 제대로 표현하고 싶은데 적당한 말이 떠오르지 않는다. 아름다웠다. 몇 시간이고 머물러 바라볼 수 있을 것 같았다.

일몰을 보고 돌아올 때 어느 외국인이 친절하게 말을 걸어왔다. 우리 부부를 뒷좌석에 태워줬다. 사륜구동 지프차였다. 웅덩이 같은 거 전혀 신경 쓰지 않고 편안하게 올 수 있었다.

CGNTV 정말 대단하더라

1월 31일 –

안치라베로 떠났다. 잇살루 국립공원으로 가는 길목이었다. 무룬다바는 서쪽 해안가에 있고, 잇살루 국립공원은 바다에서 멀리 떨어진 내륙에 자리했다. 안치라베까지 동쪽으로 이동했다가 거기서 남쪽으로 내려갈 참이었다. 새벽에 곤히 자는 아이들을 흔들어 깨워 자기 짐부터 챙기게 했다. 아침 6시에 출발했다. 10시간 동안 부지런히 길을 재촉해야 했다.

오후 4시경 안치라베에 도착했다. 안타나나리보에서 인사했던 강원병 장로님이 저녁 식사에 초대해주셨다. 장로님, 권사님과

교제하며 안치라베에서 하룻밤 쉬어가기로 했다. 마침 그날이 설날이었다. 차려

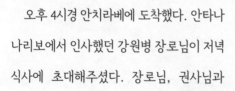

주신 음식을 보고 눈이 휘둥그레졌다. 떡국, 불고기, 고추전, 고기전에 각종 나물까지 정갈한 열두 첩 명절 상이었다. 이번 설은 그냥 넘어가나 했는데 타지에서 푸짐한 대접을 받게 되어 무지무지 감사했다.

강원병 장로님은 2007년부터 안치라베에서 사역하고 계셨다. 이전에는 한국전력공사에 오래 근무한 성실한 직장인이었다. 장성한 두 아들 모두 전문직을 가졌고, 둘째 아들은 파일럿으로 안정되게 직장생활하고 있어 남부러울 게 없었다. 1980년대부터 마다가스카르를 품어왔다. 한국전력공사 재직 시절 두 차례 마다가스카르를 밟았다. 말라가시를 향한 당신의 마음을 부어달라고 기도했다.

드넓은 땅에 자원도 풍부한 마다가스카르에 필요한 게 무엇일까 기도하며 고민했다. 농업기술이나 축산기술을 접목하면 저들에게 적지 않은 도움이 될 것 같았다. 퇴근한 뒤 시간을 아껴 공부했다. 주말에도 관련 분야 전문가를 찾아가 의견을 구하며 지식을 쌓았다. 선교사로 헌신하기로 한 다짐을 되새기며 조기은퇴를 준비했다. 그리고 모든 재산을 정리해서 마다가스카르로 이사했다.

안치라베에 큰 집을 마련하고 바로 옆에 돼지 축사를 지었다. 사람 사는 집과 축사를 떨어뜨려 놓는 게 보통인데 장로님은 정반대로 했다. 밖에서 봤을 때 분명 집이었는데 들어가 보니 뜻밖에 돼지 축사였다. 이상하게 냄새가 전혀 나지 않았다. 조금 과장해서 돼지를 끌어안고 뒹굴어도 될 만큼 바닥이 오물 하나 없이 깨끗했다.

미생물을 활용해 관리하는 방법이 있다고 설명해주셨다. 항생제를 투여한 돼지들은 목살에 고름이 고이는데 여기서는 그런 부작용을 걱정하지 않아도 된다고 덧붙였다. 워낙 청결하게 유지되어서 항생제를 사용할 일이 없기 때문이란다.

▲ 강원병 장로님댁 청결한 돼지축사

친환경 공법을 잘 모르는 내가 봐도 돼지들이 튼실하고 건강하게 보였다.

열심히 돼지를 길러서 동네 사람들한테 골고루 나누어주었다. 어떻게 돌보고 교배하는지도 친절하게 알려주었다. 아무 대가 없이 분양해준 돼지가 전부 64마리나 되었다. 정성껏 잘 키워 마릿수를 늘려가길 기대했다. 하지만 불과 며칠 지나지 않아 사람들이 도로 찾아와서 장로님에게 손을 벌리기 시작했다.

사룟값도 같이 주면 좋겠다는 말이 가장 많았다. 장로님은 상상치도 못한 요구에 당혹감을 감출 수 없었다. 돼지우리를 만드는 데에 돈이 필요하다고도 했다. 어떻게 이런 사람들이 다 있나 싶었다. 돼지 한 마리를 빌미로 계속 얻어내려는 것 같아 괘씸하기까지 했다. 왜 자신의 힘으로 해보려고 하지 않는지 이해할 수 없었다.

고심 끝에 지역 목회자들을 식사 자리로 초대했다. 열댓 명 되는 목사들과 풍성한 식탁 교제를 나눈 후 축산기술을 전수해주겠다는 뜻을 전했다. 그것을 가지고 지역주민들을 직접 가르쳐보는 건 어떻겠느냐고 넌지시 물었다. 정말 좋은 제안을 해줘서 고맙다며 다들 호응해주었다. 문제는 그 다음이었다.

수업을 들을 테니 지원금을 약속해달라고 오히려 역제안을 해왔다. 교육을 받으면 얼마를 줄 수 있냐고 노골적으로 묻는 사람도 있었다. 우리나라에 들어온 초창기 서양 선교사들 주변에는 뭐 하나라도 뜯어가려고 서성이고 맴도는 사람이 많았다고 한다. 장로님은 자신이 꼭 그 꼴이라는 생각이 들었다.

하나님 나라를 위해 가진 재산을 다 쏟아부으며 온갖 노력을 기울였지만 돌아온 건 돈 달라는 말밖에 없었다. 그동안 계획하고 준비해온 모든 게 허사가 된 듯했다. 수년이 지났음에도 말라가시들을 사랑하는 진심이 하나도 전해지지 않은 것 같아 답답했다. 목회자들한테도 크게 실망하고 말았다. 도저히 앞길이 보이지 않았다. 열정이 사그라지면서 몸과 마음이 같이 지쳐갔다. 의욕이 꺾인 채 씁쓸하게 지내는 날이 이어졌다.

강원병 장로님은 결국 한국으로 돌아가기로 마음먹었다. 컨테이너에 이삿짐을 실을 날짜까지 받아놓고 시간이 지나가기만을 기다리고 있었다. 그러던 어느 날 온누리교회에서 CGNTV 안테나를 달아주겠다고 연락이 왔다. 좋으실 대로 하라고 했다. 어차피 한 달 뒤에 떠날 거라 설치하든 말든 그냥 남의 일이라 여겼다.

지름이 2~3m 되는 집채만 한 안테나를 마당에 세웠다. 처음에는 접시 정도 되는 크기였는데 신호가 잡히지 않아 커다란 것으로 바꾸었다. 할 일이 없어 CGNTV를 보면서 시간을 보냈다. 지구 반대편에서 송출하는 방송이 잡음 없이 깔끔했다. TV를 보는데 갑자기 가슴이 북받쳐 올랐다. 그 자리에서 무릎 꿇을 수밖에 없었다고 장로님이 말씀해주셨다.

"누가 너보고 마다가스카르에 농업기술 가르쳐주고, 축산기술 전수해줘서 부자 되게 하라고 했느냐고 하나님이 물어보셨어요. 저 스스로 판단해서 계획했던 일이었어요. 모든 걸 혼자 힘으로 하려고 하다 제 풀이 넘어지고 번 아웃 된 거였지요. CGNTV를 보면서 저의 의로 사역해온 거를 깨닫게 되었습니다. 회복되는 은혜도 경험할 수 있었어요."

강장로님은 겸손히 하나님의 뜻을 구했다. 자신을 왜 마다가스카르로 보내셨는지 명확히 말씀해주시기를 기도했다. 그에게 주어진 응답은 '교육'이었다. 멈추지 않고 성령님의 임재 안에 계속 머물렀다. 그분의 방법으로 말라가시들을 가르치라고 부르신 거를 거듭 확신할 수 있었다. 우리가 안치라베에 갔을 때 넓게 닦은 터에 학교 건물을 막 지어 올리고 있었다. 기숙학교를 운영할 생각이라고 했다.

우리 가족이 온누리교회 교인이라 더 좋아하셨다. CGNTV를 시청하면서 온전한 비전을 얻게 되었다며 담임목사님에게 꼭 감사 인사를 전해달라고 장로님이 부탁하셨다. CGNTV가 얼마나 귀한 사역인지 내 두 눈으로 확인했다. 오지에서 사역하는 선교사들은 CGNTV를 통해 영적 공급을 받는다는 장로님의 말이 잊히지 않는다. 영적 전쟁의 힘겨움이 느껴져 눈물이 고였다.

당시 안테나 한 대 설치하는데 30만 원이 들었다. 내 인생 버킷리스트 가운데 하나가 CGNTV 안테나 300개 값을 헌금하는 거였다. 언제부턴가 기계적으로 송금하고 무심했다는 생각에 부끄러워졌다. 페이스북에 그날 저녁을 돌아보는 글을 올렸다. 키보드를 누르는데 다시금 눈시울이 뜨거워졌다. 아내도 블로그에 비슷한 내용을 적었다.

"매월 나가는 선교헌금과 CGN헌금에 무감각했던 나를 반성합니다. 이러한 저를 위하여 선교의 현장에서 그 열매를 목도케 하신 하나님께 감사의 기도를 드립니다."

"매년 선교헌금 후원 작정을 받을 때면 우리 먹고사는 형편을 생각해서 주저주저할 때가 많은데 정작 선교지에서는 얼마나 큰 은혜의 힘이 흐르고 있는지 보여주셔서 부끄럽고 감사했다."

말라가시들이 너무 심하게 달라붙는 거야

2월 1일 -

감동의 시간을 뒤로 하고 잇살루로 달려갔다. R7번 도로를 타고 내륙 남쪽으로 차를 몰았다. 무룬다바로 갈 때와 또 다른 경치가 양옆으로 지나갔다. 산악지대에 들어서자 오르막길이 계속 이어졌다. 산꼭대기만 넘어가면 곧 내리막길이 나오겠거니 했는데 산 정상에 고원 평지가 끝없이 펼쳐져 있었다. 입이 턱 벌어졌다. 아내가 하늘 위를 걷고 있는 건지, 땅을 딛고 가고 있는 건지 모르겠다며 놀라워했다. 정말 하늘과 가까워진 듯한 기분이 들었다.

또 한참을 달리자 길가에 묵직한 바위들이 보이기 시작했다. 그리고 저 멀리 수많은 바위산으로 이루어진 잇살루 국립공원이 모습을 드러

냈다. 예약해 놓은 숙소에 짐부터 풀었다. 예쁜 돌을 차곡차곡 올려서 지은 저택 같은 호텔이었다. 멋들어진 바위산에 둘러싸여 더 고급스러워 보였다. 호텔로 들어가는 길에도 돌을 세련되게 깔아 놓았다. 우리가 마다가스카르에서 묵었던 숙소 중 가장 호화로웠다.

2월 2일 -

아침 호텔 방에서 가족예배를 드리고 잇살루 국립공원으로 출발했다. 우리나라 봉고차 같은 승합차를 전세 내서 움직였다. 잇살루로 올 때부터 운전기사가 따로 있었다. 좌석이 남아 의자를 뒤로 젖혀 몸을 눕힐 수 있었다. 사륜이 아닌 이륜구동이었다. 무룬다바에 이어 두 번째였다. 이것 때문에 굉장히 피곤한 하루를 보내게 될 줄 미처 예상치 못했다.

잇살루 국립공원으로 들어가는 로터리를 돌자 한 스무 명 되는 말라가시들이 "잇살루!"를 외치며 우리 차로 달려들었다. 저쪽에 주차하면 된다고 손짓해서 대충 차를 대는데 서로 자기 얼굴을 차

창문에 들이밀려고 난리가 아니었다. 문을 열기도 전에 자기가 가이드를 해주겠다고, 나한테 차량 렌트하라고 저마다 큰 소리로 떠들어 댔다. 갑자기 벌어진 일에 어리둥절해졌다.

매표소를 찾아가서 물어보았다. 사륜구동 자동차에 정식 면허를 받은 가이드가 탑승해야 국립공원을 둘러볼 수 있다는 답이 돌아왔다. 무리 지어 달라붙은 사람 가운데 한 명이 국립공원 소속 가이드인 것도 알려주었다. 4명 입장료에 가이드 인건비를 더하니 꽤 두툼한 금액이 나왔다. 사륜구동 차량도 울며 겨자 먹기로 구해야 했다. 미리 알아보고 갔어야 했는데.... 어쩔 수 없었다.

제일 목소리 크고 가장 시끄러웠던 아저씨한테 차량을 부탁했다. 기름을 넣어

와야 한다고 해서 돈을 먼저 주었다. 5분 만에 온다고 큰소리치더니 15분이 지나
도 나타나지 않았다. 혹시 속았나? 돈을 괜히 줬나? 여러 생각이 오갔다. 30분
만에 차를 가져오긴 했는데 누가 봐도 다 쓰러져가는 고물이었다. 이륜구동이라
더 어이가 없었다. 그래놓고 문제없다고, 국립공원에 들어갈 수 있다고 우기는
모습이 그렇게 얄미울 수 없었다.

저 차는 안 된다고 바꿔 오라고 했더니 다른 차는 없다며 도리어 뻔뻔하게 나
왔다. 암만 생각해도 고물차라 위험해 보였다. 정색하고 엄한 소리로 돈을 돌려
달라고 했다. 뜻밖에 바로 주머니에서 돈을 꺼내 내주었다. 그러자 주위에 있던
말라가시들이 못마땅하게 여기며 그 사람에게 한마디씩 해댔다. 돈을 돌려주면
어떡하냐고 나무라는 분위기였다.

그 차로 가느니 우리 봉고차로 가겠다고 버럭 소리를 질렀다. 우리 운전기사
한테도 빨리 타라고 잔뜩 힘주고 말했다. 운전기사가 내 기세에 눌렸는지 얼른
올라타 시동을 걸었다. 포장 안 된 울퉁불퉁한 내리막길이었다. 100m도 채 못가
한쪽 뒷바퀴가 푹 꺼진 진흙탕에 빠져 오도가도 못 하는 신세가 되고 말았다. 액셀
을 아무리 밟아도 계속 헛돌기만 할 뿐이었다.

말라가시들이 우르르 내려와서 봉고차를 빙 둘러쌌다. 누가 먼저랄 것도 없이
자기가 빼내 줄 테니 얼마를 달라고 흥정해왔다. 20명 되는 사람들이 우리 가족
에게 거의 달라붙다시피 하며 한꺼번에 말을 붙였다. 차를 꺼내주면 적어도 이만
큼 줘야 한다고, 그리고 아까 그 차로 국립공원에 가는 대신 돈을 올려받겠다며
갑질을 하려고 들었다. 우리나라 돈으로 수십만 원을 부르는 사람도 있었다. 거기
집 한 채 값이었다. 어떻게든 왕창 뜯어가려고 작정하고 덤비는 것 같았다.

우리끼리 똘똘 뭉쳐서 기어코 차를 빼냈지

우리가 고용한 가이드는 차를 한두 번 밀어주더니 나 몰라라 뒷짐 지고 서서 구경만 했다. 도와주는 사람이 단 한 명도 없었다. 하이에나처럼 다들 돈 받아낼 기회만 엿보고 있었다. 그렇다고 포기할 우리가 아니었다. 아이들을 아내에게 잠시 맡기고 동네로 가서 삽을 빌려 왔다. 바퀴 밑을 한참 퍼낸 다음 자갈을 채워 넣어 갔다. 하도 삽질을 많이 해서 손바닥에 물집이 다 잡혔다. 아내의 블로그에 그때 우리 가족의 마음가짐이 어땠는지 묘사되어 있다.

"너희들이 대한민국을 우습게 보는구나. 한국인이 어떤 사람인데.... 차는 우리가 뺄 거야. 너희들 도움은 필요 없다. 흥!! 대한민국 육군 병장 출신인 남편의 놀라운 삽질이 시작됐고 우리가 열심히 차를 빼기 위해 땀을 흘리고 있으니 운전기사 아저씨도 우릴 돕기 시작했다."

말라가시들이 처음에는 어르듯이 흥정하더니 말이 안 통해 답답해서 그랬는지 서로 경쟁이 붙어서 그랬는지 우리한테 싸울 듯이 고래고래 고함을 치며 돈을 요구했다. 내가 삽질을 하자 이번에는 비웃으며 야유를 날렸다. 그렇게 해서 잘 되나 보자고 벼르는 것 같았다. 그러더니 자기가 빼내 주겠다고 번갈아 가면서 찔러댔다. 그걸 무시하면서, 물리치면서 흙을 파내야 했다.

"야! 너네 뭐야! 저리 안 비켜!"

우리를 도와주는 운전기사한테도 계속 손가락질하며 불만을 표시했다. 툭하면 다가와서 왜 이러고 있냐고 시비 걸며 따졌다. 참다못한 아내가 앙칼지게 소리쳤다. 한국말로 그만 떨어지라고 매섭게 으름장을 놓았다. 순하디순한 줄만 알았던 아내가 그런 모습을 보인 건 처음이었다. 그러자 덩치 큰 흑인들이 아내에게 겁을 먹고 몇 걸음 물러났다. 보경이, 민준이도 겁먹지 않고 침착하게 엄마, 아빠 곁을 지켜주었다.

"하나둘셋! 주여! 하나둘셋! 아버지!"

힘을 합쳐 차를 밀었다. 보경이와 민준이도 합세해 젖 먹던 힘까지 쥐어 짜냈다. 길이 좁아 차를 돌릴 수 없었다. 오르막길로 후진하게끔 차 앞에서 뒤쪽으로 밀었다. 신발, 옷 다 더럽혀가며 어렵게 어렵게 웅덩이에서 탈출했다. 차가 빠져나오자 운전기사한테 얼마나 욕을 해대는지 시종일관 돈만 밝히는 사람들이 징글징글해졌다.

다시 매표소로 가서 환불해 달라고 부탁했다. 그냥 거기서 벗어나고픈 마음이었다. 절대 안 된다는 말만 되돌아왔다. 차가 없다고 한국말로 열심히 떠들었지만 역시나 받아들여지지 않았다. 잇살루 국립공원 소유의 사륜구동 차량이 있다고 해서 하는 수 없이 그걸 타기로 했다. 그런데 운전기사가 교회에 예배드리러 갔으니 올 때까지 기다리란다. 오후 1시가 되어서야 겨우 국립공원 안으로 들어갈 수 있었다.

봉고차는 아예 지나가지도 못하는 길이었다. 돈도 많이 받으면서 그 돈으로 길이나 좀 닦아 두지 싶었지만 심하게 흔들리는 비포장도로와 무릎까지 차오르는 시내를 거침없이 내달리는 것도 스릴감 있고 나름 재미있었다. 몸이 이리저리 쏠릴 때마다 어이쿠, 어이쿠 내뱉으면서도 네 가족 다 웃는 표정이었다.

입구에서부터 가이드의 안내를 받으며 천천히 걸어 들어갔다. 긴꼬리 여우원숭이들이 나무 위에서 우리를 빤히 쳐다보며 반겨주었다. 웅장한 바위산과 아름다운 기암절벽을 옆에 끼고 차디찬 계곡물이 흘렀다. 열대우림을 떠올리는 숲도 살짝 엿볼 수 있었다. 가이드가 잇살루 국립공원은 마다가스카르의 축소판 같다고 설명해주었다. 생긴 모양도 아래위

로 기다란 게 비슷하다고 했다.

블랙폴까지만 보고 돌아오는 짧은 코스였다. 폭포 물이 떨어지는 바위 계곡이 유독 까맸다. 온종일 봐도 모자라는 곳을 세 시간 만에 해치우고 나왔다. 숙소까지 가는 데 두 시간가량 걸렸다. 어두컴컴해지기 전에 호텔에 닿고 싶었다. 큰일을 겪고 난 다음 잠깐 들른 거라서 대단한 감동을 느끼지는 못했다.

돌이켜보면 위험했던 순간을 우리 가족이 똘똘 뭉쳐 잘 넘긴 듯하다. 아프리카오지 한가운데서 현지인들에게 둘러싸여 있었다. 외국인은 우리뿐이었고 치안도무방비 상태였다. 수십 명이 거지 떼처럼 우리에게 몰려들었다. 우리를 얕잡아보며 놀리기까지 했다. 아침부터 4시간을 시달렸다. 누구 하나 우리를 해코지하려들었다면 꼼짝없이 당했을 수 있겠다는 생각이 든다. 은혜로 다가온다. 우리 가족에게는 잊지 못할 잇살루였다.

안다시베 리모들이 얼마나 귀엽냐면

2월 3일 –

다음 날 또 온종일 달려 안다시베로 들어갔다. 잇살루에서 북쪽으로 쭉 올라갔다. 안치라베를 지나친 뒤에도 방향을 바꾸지 않고 계속 위로 일직선을 그었다. 안타나나리보를 코앞에 두고 운전대를 오른쪽으로 꺾었다. 꼬불꼬불한 산길을 타고 3시간을 더 가서야 안다시베 국립공원에 다다를 수 있었다.

우리가 묵을 곳은 바쿠나 호텔이었다. 크고 작은 방갈로가 20개 넘게 흩어져 있었다. 흙벽에 붉은 지붕을 얹은 예쁜 방갈로였다. 국립공원 안에 있고 안다시베에서 가장 고급스러운 호텔인데도 밤 10시 이후에는 전기를 사용할 수 없게 해놓았다. 가끔 밤에 콘센트 하나 정도 쓸 수 있게 해준단다. 전력이 부족한 탓이었다. 전기가 완전히 끊어지는 날도 심심치 않게 있다고 들었다.

말라가시들은 어둑어둑해지면 눈을 붙이고 날이 밝아옴과 동시에 하루를 시작하기에 큰 문제가 되지 않는다. 귀한 줄 모르고 누리기만 하는 우리 같은 사람들이 답답해하며 불평한다. 너무 펑펑 쓴 나머지 한여름 전력 수급난까지 겪는 중이다. 풍족함이 감사함보다 못마땅함을 더 앞서게 하는 것 같다고 생각하며 잠들었다.

2월 4일 -

느긋하게 쉬며 한나절을 보냈다.

2월 5일 -

아침 카누를 타고 리모(원숭이) 농장으로 천천히 노를 저어 갔다. 2명씩 나눠서 탔다. 양 끝이 버선발처럼 뾰족하게 휘어 올라간 3인승 카누였다. 남은 한 자리에는 가이드가 앉아서 노를 잡았다. 작은 섬에 리모라 불리는 원숭이들이 사는데 사람 어깨 위에 올라타서 바나나를 받아먹는다고 했다. 잇살루 국립공원에서 봤던 긴꼬리여우원숭이였다.

강기슭에 카누를 대고 섬에 발을 내디뎠다. 조심조심 걸음을 옮겼다. 몇 발짝

떼지도 못했는데 리모들이
사정없이 달려들기 시작했다.
가슴팍으로 펄쩍 뛰어오르
더니 순식간에 내가 쓴 모자
를 잡고 어깨 위에 앉았다.
정신 차릴 새도 없이 다른

리모가 등을 타고 올라와 머리 꼭대기에 엉덩이를 걸쳤다. 바나나가 있나 없나
살피는 듯하더니 발로 내 머리를 차면서 민준이에게 몸을 날렸다. 그러자 다른 리모
가 내 팔 한쪽을 와락 껴안으며 매달렸다.

무척 당황스러웠다. 리모가 친하게 굴어도 만지지 말라는 주의를 들은 터였다. 사람이 손을 대려고 하면 자기를 공격하는 줄 알고 거칠게 변한다고 했다. 어찌할 바를 몰라 잠시 얼음이 되었다. 우리를 나무로 알았는지 자기들 마음대로 잡아타고 넘고 다니느라 난리가 아니었다. 몸 이리저리 움직일 때마다 머리카락을 세게 잡아당겼다. 냄새도 고약했다. 떼로 덤벼드는 리모들 습격에 속수무책으로 당하고 있을 수밖에 없었다.

보경이가 너무 무서운 나머지 그만 울음을 터뜨리고 말았다. 아내가 보경이를 데리고 다시 카누에 올랐다. 배를 타고 섬을 둘러보며 리모를 구경했다. 나와 민준이는 계속 리모들과 씨름하며 바나나를 나눠 주었다. 리모들이 엉덩이가 하늘로 향하게 물구나무서듯 매달려 내 손을 살폈다. 움켜쥐고 있던 바나나를 한 조각을 슬쩍 꺼내 보이자마자 잽싸게 낚아채 갔다. 내 몸에 찰싹 달라붙어 오물오물 잘도 먹었다.

머리부터 발끝까지 40cm 정도 되는데 키보다 훨씬 더 긴 꼬리를 가졌다. 브라운 리모를 제일 많이 봤다. 판다처럼 블랙앤화이트로 옷 입은 리모, 호랑이 꼬리를 닮은 롱테일 리모도 만날 수 있었다. 시파카 리모는 팔과 다리가 금색 털로 뒤덮여 있었다. 황금관을 쓴 듯 머리만 노란 녀석도 보였다. 시파카는 다른 리모들처럼 친한 척하며 뛰어오르지 않았다. 바나나를 땅에 던져주면 슬금슬금 다가와서 집어 갔다.

긴 꼬리를 세우고 네 발로 사뿐사뿐 뛰는 모습이 정말 귀여웠다. 나중에는 슬며 시 등에 손을 올려놓아도 리모들이 가만히 있었다. 다소곳하고 얌전할 거라고 순진하게 생각했던 우리에게 크나큰 반전을 만들어 준 리모 농장이었다. 크게 웃으며 색다른 시간을 보냈다. 바나나가 다 떨어지자 그 많던 리모들이 한 마리도 남지 않고 쌩하니 가버렸다. 언제 봤냐는 듯 남 취급하는 리모들에게 괜스레 서운함 이 느껴졌다.

여전히 고통받는 말라가시들

2월 6일 -

안타나나리보로 이동했다.

2월 7일 -

김창주 선교사님 부부를 다시 만났다. 마다카스카라에서 사모님은 화요일과 수요일 이틀은 보건소, 목요일과 금요일은 종합병원에서 일을 보셨다.

몇 년전, 한국에서 수련의 시절 같은 병원에서 일했던 선배의사가 의료 사역에 힘을 보태려고 수천만 원에 달하는 여러 의료장비를 사모님이 일하는 병원으로 보내셨다고 한다. 한국에서는 교체되고 있는 구식이었지만 마다가스카르에서는 최첨단 장비나 다름없었다. 임산부들을 진료하다 보면 제왕절개수술이 꼭 필요한 때도 있었다. 기존엔 외과의사가 제왕절개 수술을 하였지만, 산부인과 전문의로서는 사모님이 처음으로 이 루터란 병원에 가시게 된 것이다.

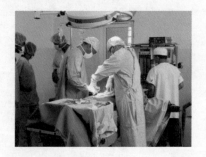

그날 사모님이 근무하는 루터란 병원을 방문할 기회를 얻었다. 병원장을 비롯해 높은 직책을 맡은 사람들이 모두 나와서

반겨주었다. 일반인에게 좀처럼 개방하지
않는 수술실 문도 활짝 열어주었다. 옆에
붙어서 병원 여기저기를 설명해주는데
우리를 VIP급 손님으로 여기는 것 같았다.
그런 환대는 태어나서 처음이었다. 한국에
무척 고마워하고 있고, 한국 사람을 좋아하는 마음이 진하게 전해져왔다.

오후에는 목사님과 말라가시들의 일상을 볼 수 있는 동네를 뒷골목까지 돌아
다녀보았다. 마다가스카르를 생각하면 프랑스를 떠올릴 수 밖에 없다. 얼마전
여행 때 다녀온 안치라베에서 하룻밤 묵었던 호텔이 예전 총독이 관저로 사용했
던 곳이었다. 1960년 독립할 때까지 마다가스카르는 프랑스의 식민지로 100년
가까운 긴 세월을 보냈다. 비록 낡긴 했지만 절대 권력을 누렸던 곳답게 안팎으로
근사하게 지어 놓았다. 호텔 객실도 연회장이었던 듯 전부 큼직큼직하고 널찍널찍
했다.

프랑스는 마다가스카르에서 이루 말할 수 없이 많은 것을 빼앗아갔다. 말라
가시들은 초등학교 교육만 받게 하고 그 이후로는 아예 학교를 못 다니게 했다.
모든 수업을 불어로 진행하고 어디서든 불어로만 말하게 했다. 말라가시들을 가
르치는 학교에는 운동장마저 없었다. 운동으로 몸이 다져지는 것을 염려했기 때
문이었다.

오랜 시간 무자비하게 착취하고 크나큰 수치를 안겨주었음에도 지금도 프랑
스 사람들이 마다가스카르에서 떵떵거리며 살고 있다. 정부가 프랑스의 이익에
반하는 정책을 취하면 프랑스 편에 선 군부가 쿠데타를 일으켜 정권을 바꿔놓는

다. 거리를 다니다 보면 프랑스 국기가 나부끼는 모습을 정말 쉽게 볼 수 있다.

말라가시를 종 부리듯 대하는 프랑스인이 적지 않다고 들었다. 가는 곳곳마다 성희롱, 성추행을 예방하는 포스터가 붙여져 있었다. 전부 말라가시 여성에 백인 남자였다. 말라가시들은 우람한 덩치에 맞지 않게 백인이 화내고 소리 지르면 겁부터 집어먹는다. 할아버지의 할아버지, 또 그 할아버지 때부터 대를 이어 짓눌려 온 탓이다. 어쩌면 말라가시들이 그만큼 순수하고 착한 심성을 지녔기 때문인지도 모른다.

마다가스카르는 여전히 가난에서 허덕이고 있었다. 아장아장 걷는 어린 애가 국수 꽁다리를 먹고 있는 모습을 봤다. 국수 면을 다 뽑고 조금 남은 반죽 덩어리였다. 세 살, 네 살 먹은 꼬마아이들이었다. 국수를 삶을 밀가루도 없어 다른 사람이 버린 찌꺼기를 주운 거였다. 보경이와 민준이도 탄식을 내뱉었다. 텔레비전 화면으로 대했던 장면을 실제로 목격하니 순간 당황스러움이 앞섰다.

마다가스카르를 여행하다 쓰레기가 산더미처럼 쌓인 곳을 지나간 적이 있었다. 길가에서 엉덩이를 훤히 드러내놓고 용변을 보는 사람들이 심심치 않게 보였다. 마다가스카르에서는 큰 흉이 아닌지 남녀 가리지 않고 쭈그리고 앉아 있었다. 뒤처리가 제대로 될 리가 없었다. 가난한 탓이었다. 위생 관념마저 부족한 것 같아 안타까웠다.

그날 김창주 선교사님과 임전주 사모님이 우리 가족에게 떡만두 국을 대접해주셨다. 본인들이 설에 떡국을 못 먹었다고 같이 식사하자며 깻잎전, 고기전까지 만들어서 내오셨다. 선교사님 댁에서만  세 번째 식사였다. 무룬다바로 가기 전에는 구하기 힘들어 교포들이 잘 나눠 먹지 않는다는 신라면까지 아낌없이 끓여주셨었다.

바쁘게 생활하시는 중에도 세심하게 우리 가족을 챙기셨다. 어느 숙소에서 묵고, 중간 어디쯤에서 기름을 넣고, 어느 식당 음식이 괜찮다는 거까지 하나하나 알려 주셔서 수월하게 여행할 수 있었다. 그날 후 사모님은 부친이 위독하다는 연락을 받고 급하게 한국으로 떠나셔야 했다. 다행히 고비를 넘기고 괜찮아지셨다는 소식을 전해 들을 수 있었다. 마다가스카르에서의 마지막 날이었다. 선교사님 부부의 수고와 배려가 우리에게 잔잔한 감동으로 밀려왔다. 아내가 블로그에 은혜의 고백을 남겼다.

"근사한 자연과 순수한 사람들이 살고 있는 나라. 그곳에서 우리는 아름다운 사람들을 만났습니다. 그리고 값진 사랑을 값없이 받기만 했습니다."

강원병 장로님을 주저앉게 하고, 우리를 4시간 동안 시달리게 했던 말라가시들의 언행은 늘 빼앗기기만 하고 살아온 저들의 아픈 시간이 빚어낸 게 아니었을까? 예수님의 사랑만이 저들의 상처를 싸매줄 수 있을 거란 생각이 들었다. 아무 대가 없이 품어주고 베푸시는 십자가 사랑을 말라가시들이 경험하기를 바랐다. 선교사님들이 그 사랑을 내보여주고 있어 감사했다. 이어진 아내의 블로그 글이 크게 와닿았다.

"제대로 된 교육 한 번 받지 못한 어른들, 아들이 가득하지만 무엇보다 마다 가스카르가 아름다웠던 이유는…. 어떻게 사는 것이 잘 사는 것인지 고민도 없이 그냥 살아가는 그들 속에 하나님의 사랑을 품고 복음의 기쁜 소식을 전하러 모든 것을 버리고 달려가신 그분들이 있기 때문이었습니다."

3

남아프리카공화국

위태위태한 요하네스버그 치안

2월 8일 -

하늘을 가로질러 남아프리카공화국(Republic of South Africa)으로 갔다.
안타나나리보 빈민촌에서 만난 레이니어 선교사가 우리 가족이 남아프리카공화국
도 곧 여행할 거라는 얘기를 듣더니 거기 치안이 심각한 지경이라고 걱정 어린 소리
를 했었다. 하루 평균 64건의 차량 강도가 일어난다고 구체적인 수치까지 제시했다.

신호등에 걸려 차를 멈춰 세우고 있으면 총을 들고 와서 사람을 내리게 한 뒤
차량을 강탈해 간다고 전해주었다. 살인, 강도, 강간 같은 강력범죄가 하루에
290건이나 발생한다고 덧붙였다. 요하네스버그 한 도시에서 집계된 통계였다.
가는 내내 계속 신경 쓰였다. 별 탈 없게 우리 가족을 지켜주시도록 무시로 기도
하는 수밖에 없었다.

한인 민박집을 예약해두고 비행기에 올랐다. 민박집 사장이 요하네스버그 국제

공항으로 나와 우리를 픽업해서 데려
갔다. 한인 민박집이 다른 데보다 조금
비싸긴 했지만 저녁으로 한식을 배불리
먹을 수 있어서 좋았다. 맛있는 닭볶음탕
으로 허기를 달래고 불안한 마음을 쓸어

내렸다. 다른 반찬도 정갈하니 맛깔스러웠다.

저녁 식사를 하고 쉬고 있는데 우리를 찾는 전화가 왔다고 해서 깜짝 놀랐다. 요하네스버그한인교회의 황재길 장로라고 소개하며 인사를 건네왔다. 김창주 선교사님이 우리가 있는 곳을 장로님께 알려주셨다고 했다. 다음 날이 주일이었다. 가까이 사시는 다른 장로님이 내일 아침에 오실 거라고, 그분 차를 타고 교회로 오면 된다고 친절하게 알려주셨다.

2월 9일 -

요하네스버그한인교회에서 주일 예배를 드렸다. 박경하 장로님이 우리를 태우러 와주셨다. 2층 높이의 낮은 건물이 ㄷ자로 놓였다. 긴 쪽은 본당, 짧은 쪽은 사무실과 교육실이었다. 잔디밭 마당 한가운데에는 조각 분수대가 있었다. 스페인풍으로 예배당을 지었다. 잔디밭 건너편 테니스 코트에서는 어른들이 족구를 하느라 시끌벅적했다. 코트 밖

에서는 아이들 대여섯 명이 뭐가 있는지 커다란 나무 위를 열심히 올려다보고 있었다. 흐뭇하게 바라봤다.

주보에 성경 300독 대행진을 진행하고 있다는 광고가 적혀 있었다. 교인 수가

대략 300명 정도 되는 것 같았다. 활기 넘치는 모습이 마음에 들었다. 예배 후 온 교인이 식탁 교제를 가졌다. 처음 온 사람들이 앉는 자리가 따로 마련되어 있었다. 담임목사님 옆에서 점심을 같이 먹었다. 미역국이 나와서 반가웠다. 담임목사와

새신자가 친밀감을 쌓을 수 있는 꽤 괜찮은 생각인 거 같았다.

본래 그날 주일부터 캠핑카를 빌려 거기서 먹고 자며 이동할 계획이었지만 뜻한 대로 되지 않았다. 며칠 더 준비할 시간이 필요했다. 마다가스카르에서 하루에 한국 돈 8만 원가량으로 숙박을 해결하다 200달러씩 지불하려니

부담이 되었다. 어떻게 해야 하나 주저주저하고 있을 때 민경준 장로님이 자기 집에 머무르면 된다며 어서 짐을 옮겨

놓자고 하셨다. 이번에도 황재길 장로님이 다리를 놓아주셨다.

정말 으리으리했다. 타운하우스처럼 독채 수십 채가 모여 있는데 집들이 웬만한 호텔 못지않게 근사했다. 모든 집이 네댓 대는 거뜬히 들어가는 실내주차장을 갖추고 있었다. 먼저 거주자인지

확인받고 그 다음 두꺼운 철문이 열리고 나서야 마을 입구를 통과할 수 있었다. 마을의 보안을 전담하는 직원들이 따로 있다고 했다.

너무 위험해서 맘대로 걸어 다니지도 못한다고 장로님이 차 안에서 들려주셨다. 부모가 차에 태워서 데리고 가지 않으면 아이들은 아무 데도 갈 수 없는 환경이었다. 중고등학생들을 길거리에 두는 거는 살인 행위나 마찬가지였다. 아이들이 유일하게 나가서 놀 수 있는 곳이 교회였다. 이번 주일에 교회 안 데려간다고 으름장을 놓으면 말 안 듣던 애들이 금방 순한 양이 된다는 얘기에서는 쓴웃음이 번졌다.

예전에 백인들이 정권을 잡았던 시절에는 지금처럼 치안을 걱정할 필요가 없었다. 1994년 대통령으로 선출된 넬슨 만델라가 흑인우대정책을 펴며 흑인 중산층을 육성하자 짐바브웨, 잠비아 등 주변 나라의 흑인들이 남아프리카공화국으로 대거 넘어오기 시작했다. 이들이 빈민층로 자리 잡으면서 주요 도시의 슬럼화가 가파르게 진행되었다.

이제는 쇼핑센터에 떼강도가 몰려오면 경비원들이 알아서 차례차례 문을 열어준단다. 곧바로 카운터로 가서 얼른 현금만 빼내 가도록 순순히 길을 내어준다. 어설프게 막아서다 난동을 부리고 총질까지 해대면 피해만 늘고 더 골치 아파질 게 뻔하니 아무도 다치지 않게 빨리 내보는 것이 훨씬 안전하다는 판단이었다.

저녁은 황재길 장로님이 사주겠다고 하셨다. 몬테카지노라는 곳으로 갔다. 시내 번화가를 건물 내부에 그대로 옮겨다 놓았다. 온갖 식당과 여러 상점이 길을 따라 즐비했다. 카지노와 극장, 오락 시설이 화려한 치장으로 눈길을 끌었다. 엔터테인먼트 복합단지였다. 어느 구역은 실제 거리를 걷고 있는 듯했다. 잎이 우거진 가로수와 구름 낀 하늘 모두 인조나무에 인공하늘이었다.

황재길 장로님도 요하네스버그의 치안을 화두로 꺼내셨다. 당신이 근무하는 사무실이 요하네스버그에서 가장 번화한 곳에 있는데 최근 몇 년 사이에 완전히 슬럼화가 되었다며 안타까워하셨다. 서울의 명동 같은 데가 무법천지가 되어서 낮에도 무서워서 밖에 나가지 못한다고 했다. 처음 사무실을 냈을 때는 뭣 모르고 아무렇지 않게 이리저리 나다녔는데 하나님이 큰일 당하지 않게 지켜주신 것 같다고 했다.

내 주먹 크기만 한 양갈비 스테이크, 손바닥 면적보다 더 커다란 립 스테이크를 얻어먹었다. 황송하고 분에 넘치는 대접을 받았다. 하나부터 열까지 오롯이 신세만 진 하루였다. 우리를 언제 봤다고? 뭘 믿고? 이분들이 할 일이 없어서? 우리한테 받을 게 있어서? 아무리 생각해도 모두 아니었다. 다들 그날 처음 만난 사이였다. 덕분에 안전하고 풍성하게 지낼 수 있었다. 값없이 거저 주시는 하나님의 은혜였다는 말밖에 떠오르지 않았다.

렌트카 구하는 것도 도움이 필요하더라고

2월 10일 -

렌트할 차를 구하러 나섰다. 역시나 민경준 장로님이 우리 가족의 운전기사 노릇을 해주셨다. 우리가 하도 캠핑카, 캠핑카 노래해서 카라반을 먼저 찾았다. 카라반을 빌려주는 곳이 아닌 판매하는 곳이어서 눈 호강만 하고 발길을 돌릴 수밖에 없었다. 승합차를 캠핑카로 개조해 렌트하는 곳은 이미 다른 사람들이 전부 가져갔고, 두 달 뒤에나 차량이 반납될 예정이라며 아쉬운 표정을 지었다.

성수기였는지 이곳저곳 더 다녀봤지만 헛수고였다. 빌려줄 차가 없다는 똑같은 대답만 돌아왔다. 결국 민장로님이 지인에게 전화를 걸어 물어보셨다. 그 지인은 다른 분에게 알아보고, 다른 분이 수소문한 끝에 버젯(Budget)이라는 회사에서 중소형 승용차 렌트가 가능하다는 얘기를 겨우 건네 들을 수 있었다. 차량이 해결되니 마음이 한결 가벼워졌다.

점심은 황재길 장로님이 같이 먹자고 해서 일하시는 사무실로 찾아갔다. 우리 네 가족이 민폐를 끼치는 것 같아 죄송한 마음이 들 정도로 또 한 번 푸짐한 점심 상을 받았다. 식사를 마치고 나서는 민경준 장로님이 운영하는 매장을 방문했다. 완구, 문구, 선물용품이 가득 진열되어 있었다. 보경이와 민준이가 신나서 구경했다. 없는 게 없는 굉장히 큰 매장이었다.

두 장로님 모두 한국에서 물건을 들여와 운송하고 판매하는 유통업에 종사하고 있었다. 요하네스버그한인교회가 모잠비크, 짐바브웨, 잠비아 등 다른 지역에 미치는 영향력이 상당하다고 장로님들이 설명해주셨다. 남아프리카 선교의 전초기지 역할을 감당하고 있는 것 같았다. 두 장로님이 교회의 든든한 버팀목이 되어주고 계셨다.

실제로 교인들 가운데 적지 않은 수가 두 장로님 밑에서 일하는 직원들이었다. 선교사들을 후원하는 데에도 열심을 내는 두 분이었다. 1년에 한 달 이상은 주변 나라를 둘러보고 온다고 했다. 해를 거듭할수록 도울 일이 많아지고 일손이 간절해진다고 전해주셨다. 아프리카에 벌레가 엄청나게 많은데 자기는 어디에 가더라도 희한하게 벌레에 물리지 않는다고 민장로님이 자랑삼아 했던 말이 지금도 기억에 남는다.

2월 11일 -

아침 서둘러 나갈 채비를 했다. 내비게이션을 구입해서 렌트카에 설치한 다음 시운전을 해볼 겸 유니온 빌딩에 다녀올 참이었다. 근처 쇼핑몰에서 제일 저렴한 내비게이션을 결제했다. 남아프리카

지도 앱이 설치되는 동안 쇼핑몰 여기저기를 둘러보았다. 아내와 보경이가 화장실에 들어가서 민준이와 밖에서 기다리고 있었다.

쾅 하는 소리가 화장실 안에서 들리는 듯하더니 조금 있다 두 사람이 근심 가득한 얼굴을 하고 나왔다. 보경이가 화장실 옷걸이에 걸어 둔 카메라를 내리다가 그만 끈을 놓쳐 떨어뜨리고 말았다. 바닥에 심하게 부딪혔는지 카메라 렌즈에 껴놓은 UV필터가 완전히 박살 나 있었다. 순간 정신이 혼미해졌다. 세계일주를 하려고 큰맘 먹고 마련한 필터였다. 일명 축복렌즈라고 사진이 예쁘게 나와 애지중지하고 있던 터였다.

내비게이션을 받은 다음 캐논 대리점에 어디 있는지 물어 달려갔다. 같은 제품은 아니지만 마침 다른 UV필터가 있다고 해서 새 걸로 교체해달라고 부탁했다. 바닥에 부딪히면서 렌즈 머리에 돌려 끼우는 부분이 안 좋게 찌그러진 모양이었다. 직원들이 돌아가며 힘을 줘도 UV필터가 꿈쩍도 하지 않았다.

너무 투박하게 돌렸는지 나중에는 자동 줌 기능에도 문제가 생겨버렸다. 전원을 껐다 켰다 하며 버튼을 눌러 봤지만 피사체가 가까이 당겨지지 않고 그대로

있기만 했다. 렌즈가 예민한 걸 잘 아는 사람들이 줌 링까지 억지로 누르면서 돌린 게 틀림없었다. 자기들은 건드리지 않았다고 발뺌하더니 우리가 열심히 따지니까 일주일만 주면 고쳐놓겠다고 저자세를 취했다.

우리는 다음 날 케이프타운으로 떠날 예정이었다. 민경준 장로님이 다음 주에 케이프타운으로 출장 갈 일이 있다며 자기가 카메라를 받아서 가져다주겠다고 하셨다. 일단 영수증만 작성하고 나왔다. 아끼는 카메라였다. 여행 온 지 한 달도 안 되어 이런 일을 맞게 될 줄 몰랐다. 여분의 카메라가 있어서 다행이었다. 기분이 영 개운치 않았다.

바로 렌트카를 찾으러 갔다. 주행거리가 227km밖에 되지 않았다. 거의 새 차나 다름없었다. 우리의 많은 짐이 다 들어가겠다 싶을 정도로 트렁크 공간이 넓었다. 남아프리카공화국도 과거 영국의 식민지여서 핸들이 오른쪽에 있었다. 자동기어가 아닌 수동기어 차량인 게 흠이라면 흠이었다. 수동기어를 다뤄본 경험이 있었다. 가족들을 태우고 대통령 집무실과 정부종합청사가 있는 유니온 빌딩(Union Buildings)으로 향했다.

남아프리카공화국의 아버지, 넬슨 만델라

　요하네스버그에서 북쪽으로 60km 정도 올라가면 프리토리아(Pretoria)에 다다른다. 남아프리카공화국은 수도가 세 군데로 나뉘어 있다. 국회의사당이 있는 케이프타운이 입법수도, 대법원이 자리한 블룸폰테인은 사법수도이다. 프리토리아는 행정수도로 역할을 다하고 있다. 대통령 집무실과 정부종합청사가 프리토리아에 있다.

태어나서 처음 앉아보는 오른쪽 운전석이었다. 오랜만에 수동기어를 잡고 왼손으로 어색하게 바꾸다 보니 자꾸 시동이 꺼져버렸다. 다시 1단으로 잘 놓은 다음 클러치를 확실히 밟았는지 재차 확인하며 자동차 키를 돌려야 했다. 평일 오후라 그런지 거리가 조용하고 한적했다. 프리토리아에 들어서니 곳곳에 우거진 숲과 정원이 조성되어 있어 평온한 느낌이 들었다. 유니온 빌딩도 낮은 숲 언덕을 등지고 있었다.

유니온 빌딩은 양옆에 똑같이 생긴 건물이 대칭을 이루고 있는 모습이었다. 아치형의 긴 회랑이 두 건물을 이어주고 있었다. 네덜란드 건축과 영국 건축의 특징이 어우러진 건물이라고 했다. 남아프리카공화국 역사에서 빼놓을 수 없는 네덜란드와 영국이다. 아프리카 대륙 최남단에서 얽히고설킨 세 나라의 화합을 나타내 보여주고 있는 듯했다. 그래서 이름이 유니온 빌딩인 거 같았다.

유니온 빌딩에서 찻길 하나만 건너면 어마어마하게 넓은 정원이 펼쳐져 있다. 청와대 앞마당 같은 곳이다. 많은 인원이 철통 경계하는 우리나라와 달리 경비원들만 드문드문 보여 고개를 갸웃거렸다. 지금은 유니온 빌딩 바깥만 쳐다보는 것으로 만족해야 하지만 예전에는 건물 안까지 자유롭게 들어가서 둘러볼 수 있었다고 한다.

정원이 시작되는 담벼락에 세계대전에 참전한 이들을 기리는 추모탑이 세워져 있었다. 상단 네 개 면 중 두 개 면에 숫자 1914와 1918을, 다른 두 면에는 1939와 1945를 새겼다. 양차 세계대전이 일어난 기간이다. 그 아래 중앙부에 파낸 짧은 두 문장에 숙연해졌다. 먼 남의 나라만의 얘기가 아니었다. "그들의 이상은 우리의 유산이고, 그들의 희생은 우리의 영감이다"는 말이 세대와 장소를 넘어 한국에서 온 평범한 우리 가족에게까지 자못 진지하게 다가왔다.

"THEIR IDEAL IS OUR LEGACY"

"THEIR SACRIFICE IS OUR INSPIRATION"

계단을 내려와 조금 더 정원 안쪽으로 들어왔다. 넬슨 만델라(Nelson Mandela) 동상 앞에 섰다. 만델라 대통령이 왼발을 한 발 내딛으면서 두 팔을 활짝 벌리고 있었다. 거리로 나와 시민들에게 가까이 다가가고 있는 것 같았다. 프리토리아를 감싼, 품에 품은 모습으로도 보였다. 지긋이 미소 지은 얼굴이었다. 살아생전 온화하고 인자했던 표정이 그대로 나타나 있었다. 높이가 9m나 되는 거대 동상인데도 굉장히 익숙하고 친근하게 느껴졌다.

백인 정권의 인종차별정책에 저항하다가 종신형을 선고받은 넬슨 만델라는 이후 27년을 복역하면서 세계인권운동의 상징적인 존재가 되었다. 1993년 노벨평화상

을 수상한 그는 이듬해인 1994년 남아프리카공화국 최초로 치러진 민주 선거를 통해 대통령에 당선되었다. 유니온 빌딩에서 그의 대통령 취임식이 거행되었을 때 넓디넓은 정원이 역사적 현장을 보러 온 사람들로 발 디딜 틈이 없었다고 한다.

남아프리카공화국 사람들이 가장 존경하는 인물이 넬슨 만델라이다. 국민 대부분이 "Tata Madiba Mandela"라고 만델라를 부른다. '우리 아버지 만델라' 라는 뜻이다. 지난 2013년 그가 타계한 후 많은 곳에 넬슨 만델라 동상이 세워졌다. 저마다 독특하게 만델라를 표현해냈다고 한다. 만델라의 이름을 딴 지역, 장소도 우후죽순 생겨났다.

한국전쟁이 일어났을 당시 남아프리카공화국은 공군을 파병해 우리나라를 지원했다. 이때 남아프리카공화국 역사상 처음으로 의회에서 해외파병이 통과되었다고 한다. 만장일치였다. 35명의 전사자가 나왔고 8명의 조종사가 실종되거나 포로로 잡혀갔다. 정원의 또 다른 벽에는 전몰 용사를 기리는 추모 동판들이 나란히 붙어 있었다. 제일 왼쪽에 한국전쟁에서 희생당한 이들을 위한 동판을 따로 마련해 놓았다. 43명의 이름이 하나하나 고이 박혀 있었다.

퇴근 시간이 가까워져서 그런지 돌아가는 길에 차들이 많이 들어섰다. 도로 한가운데 서서 물건 파는 사람들이 심심치 않게 눈에 띄었다. 과일 상자를 양손에 받쳐 든 장사꾼도 있고, 허름한 차림으로 손을 내밀어 구걸하는 사람도 있었다. 갑자기 돌변해서 우리를 공격할지 모른다는 생각에 마음이 놓이지 않았다. 밖에서 열 수 없게 차 문이 잘 잠겨 있는지 자꾸 확인하게 되었다.

렌트카 타이어에 펑크가 나버렸지 뭐야

2월 12일 -

아직 캄캄한 새벽이었다. 덜 깬 잠이 눈꺼풀에 무겁게 내려앉아 있었다. 4시 40분 렌트카를 끌고 크루거 국립공원(Kruger National Park)으로 출발했다. 크루거 국립공원 안에 있는 탐보티(Tamboti) 캠핑 사이트까지 524km가 떨어져 있다고 구글맵이 알려주었다. 요하네스버그에서 북동쪽으로 6시간 정도 달리면 닿는 거리였지만 중간에 블라이드 리버 캐년(Blyde River Canyon)에 들렀다 가려면 시간이 촉박했다.

해가 떠오르자 도로 위에 짙게 깔렸던 새벽안개가 서서히 걷혀 갔다. 한동안 시원하게 뚫려 있던 길이 갑자기 막혀서 보니 저 앞에 사고가 났다. 서행하면서 지나치는데 갓길에 사고 차량을 몇 대 세워두었다. 경찰들이 사고 현장 주위를 왔다 갔다 하고 있었다. 왠지 경찰도 미덥지 않았다. 차 문을 꼭꼭 걸어 잠갔는지 또 확인해 보게 되었다.

얼마나 넓고 광활한지 저 멀리 지평선 너머까지 도로가 한 길로 뻗어 있었다. 온통 산으로 둘러싸여 있고, 굽이굽이 돌아가야 하는 우리나라와 전혀 딴판이었다. 사방이 확 트인 곳을 거침없이 내달리니 가슴이 벅차오르는 듯했다. 길도 매끄럽게 잘 닦여 있고, 풍경도 기가 막히게 좋았다. 시샘이 났다. 부럽다는 생각이 들었다.

평소 왼쪽 자리에서 왼쪽 어깨에 차선을 맞춰 운전하던 습관 때문인지 차가 자꾸 왼쪽으로 쏠렸다. 차선을 넘어가지 않으려고 신경 쓰다 보니 필요 이상으로 힘을 주게 되었다. 시간이 지날수록 오른쪽 앞자리 운전이 버거워졌다. 잠비아, 짐바브웨, 탄자니아까지 앞으로 15일 동안 계속 운전해서 다녀야 했다. 우리나라처럼 무슨 일이 생기면 보험사에서 30분 만에 와주는 것도 아니어서 조금 염려스러웠다.

얼마나 더 달렸을까? 톨게이트 비슷한 곳을 통과해서 속도를 내려는데 우리 옆에서 가던 차가 경적을 연달아 울려댔다. 차창을 내리더니 뭐라 뭐라 말하며 손으로 우리 차를 가리켰다. 왜 저러지? 우리가 뭘 잘못했나? 영문을 몰라 꺄우뚱하다 번득 이상한 느낌이 들었다. 얼른 갓길에 차를 세우고 내려서 살펴봤다.

왼쪽 앞바퀴에 펑크가 나서 푹 꺼져 가고 있었다. 마침  바로 앞이 휴게소였다. 우선 그리로 들어갔다. 바퀴가 찢어지는 바람에 차가 한쪽으로 쏠렸던 거였다. 그걸 모르고 계속 달렸으면 난감한 상황에 빠졌을 게 뻔했다. 가슴을 쓸어내렸다. 그냥 지나치지 않고 우리에게 친절하게 알려준 그 현지인에게 정말 고마웠다.

트렁크에 실은 우리 짐을 전부 빼냈다. 제일 안쪽에 보조 바퀴가 들어 있었다. 바퀴를 열심히 갈아 끼우고 있는데 아내가 결혼하기 전 경주로 당일치기 여행을 다녀왔던 얘기를 꺼냈다. 어느덧

15년이나 지난 일이었다. 잊고 있던 기억을 되살려봤다. 그때도 가다가 자동차 바퀴가 펑크 나서 길가에서 타이어를 교체했었다.

더 생각해보니 그날 이후로 내 손으로 타이어를 갈아본 일이 없었다. "그때 해보고 처음 해보는 거 같은데!"라고 거들었다. 아내랑 피식 웃었다. 이런 게 여행이로구나 싶었다. 아프리카에서 자동차 때문에 연달아 해프닝을 겪는 우리 가족이었다. 쉬어가는 김에 아이들에게 아침으로 준비해 간 빵을 먹였다. 아내가 나랑 같이 먹으려고 바퀴를 다 갈아 끼울 때까지 옆에서 기다려주었다.

파노라마 루트는 하나님의 작품

다시 여정에 나섰다. 블라이드 리버 캐년은 세계 3대 캐년 가운데 하나이다. 블라이드 리버 캐년 자연보호구역 안에 협곡을 따라 아름다운 자연경관이 즐비하다. 이를 파노라마 루트(Panorama Route)라고 부른다. 맥맥 폭포(Mac Mac Falls)에서 우리의 파노라마 루트를 시작했다. 하나씩 구경하며 북쪽으로 계속 올라갔다.

맥맥 폭포. 이름이 귀엽다. 입구에 차를 세워두고 이정표를 쫓아 걸어 들어갔다. 몇 걸음 떼지 않았는데 저만치서 물이 떨어지는 소리가 들렸다. 금방 폭포 전망대에 닿았다. 우리가 걸어온 들판이 절벽 꼭대기였고 수십 미터 발아래로 강물이 흐르고 있었다. 저쪽 절벽 끝에서 폭포 두 줄기가 힘차게 쏟아져 내렸다. 장관이었다.

쌍둥이 폭포라서 이름이 맥맥인 것 같았다. 물이 떨어지는 높이도 거의 비슷했다. 폭포 물에 빛이 반사돼 무지개가 생겼다. 맥맥에 걸맞은 예쁜 쌍무지개였다. 낙상사고를 막으려 뷰포인트에서 더는 갈 수 없게 철제 울타리를 쳐놓았다. 철창처럼 세워져 있어 안쪽으로 카메라를 집어넣어 사진을 찍었다. 맥맥 폭포의 청량감을 온전히 담을 수 없어 아쉬웠다.

두 번째로 갓스 윈도우(God's Window)에 들렀다. 하나님이 세상을 굽어보기 위해 만든 곳이라고 해서 붙여진 이름이다. 깎아지른 바위 절벽이 아닌 울창한 숲으로 덮여 골짜기가 완만한 경사를 이루고 있었다. 멋있게 보였다. 온통 연한 파랑으로 칠해져 있는 맑은 하늘이었다. 숨을 크게 들이쉬면서 탁 트인 대자연을 바라봤다.

거기서 조금만 걸어가면 레인 포레스트(Rain Forest)이다. 저 멀리 하늘에 구름이 얇은 일자 모양으로 쭉 펼쳐져 있었다. 구름 바로 밑에는 옅은 회색이 길게 띠를 이루었다. 수증기가 가득 차 있는 모습이었다. 비숲이라는 이름이 딱 어울렸다. 안개, 수증기가 시시때때로 발생하는 지역이어서 지표면부터 구름 아래까지 1년 내내 레인 포레스트가 된단다. 정말 신기했다.

그다음 눈에 담은 파노라마 루트는 버크스 럭 포트홀(Bourke's Luck Potholes). 바위 골짜기에 강줄기가 흐르다 갑자기 밑으로 떨어져 내리며 아찔한 높이의 폭포가 되었다. 절벽 이쪽과 저쪽에 다리를 놓아 폭포를 내려다볼 수 있게 해놓았다. 바닥에 우물처럼 움푹 패인 홀이 여러 개 보였다. 블라이드 강과 토레우 강이 만나는 지점이라 강물이 세차게 소용돌이치며 동그란 구덩이들을 만들어냈다고 한다.

버크스 럭 포트홀은 서양인 톰 버크에서 따온 이름이다. 금광 개발자였던 그는 금을 찾지 못하고 대신 이곳을 발견했다. 그걸 행운이라 여겼던 모양이다. 지층이 겹겹이 쌓인 수직 절벽과 강바닥의 둥근 홀이 어우러진 모습이 괴이하면서도 경이로웠다. 장관이었다. 사람들이 잔잔하게 물이 고여 있는 저 아래 버크의 포트홀로 동전을 던지며 소원을 빌고 있었다.

우리 가족의 마지막 파노라마 루트는 블라이드 리버 캐년이었다. 거대한 협곡이 정말 멋진 파노라마처럼 펼쳐져 있었다. 천 길 낭떠러지 아래로 블라이드 강이 도도하게 굽이쳐 흘렀다. 가파른 기암절벽이 초목으로 뒤덮였다. 파노라마 루트의 절정이라 할 만했다. 우리가 가본 아프리카의 다른 나라에서는 볼 수 없었던 광경이었다.

고개를 돌리니 왼쪽에 피너클(Pinnacle)이 보였다. 길쭉한 바위가 말 그대로 첨탑처럼 솟아올라 있었다. 맥락 없이 혼자 뚝 떨어진 바위였다. 그것도 근사했다. 왼쪽 제일 끝에는 쓰리론다벨(3 Rondavel)이라 불리는 세 개의 봉우리가 놓였다. 사이 좋은 자매처럼 나란히 붙어 있었다. 원형 초가집 모양이었는데 남아프리카공화국의 전통가옥을 꼭 빼닮았다. 소꿉장난이라도 하셨던 걸까? 하나님이 장난꾸러기 같다는 생각이 들었다.

굉장한 뷰포인트였다. 다른 관광객들도 서로 사진 찍어주느라 바빴다. 파노라마 루트가 워낙 유명한 곳이어서 차를 세우고 한참을 걸어 들어가야 구경할 수 있을 줄 알았다. 그런데 잠깐이면 되었다. 가는 길이 너무 쉬웠다. 조금만 가면 발아래로 멋진 광경이 나타났다. 남아프리카공화국 국토 대부분이 해발 900~1,200m에 달하는 고원이라서 그렇다는 것을 나중에야 알게 되었다.

캠핑장에 야생동물이 돌아다닌다고?

뷰포인트에 들러서 사진 찍고, 또 내려서 구경하기를 되풀이하다 보니 시간이 많이 지나 있었다. 크루거 국립공원 내 탐보티 캠핑 사이트의 입장 시간이 오후 6시였다. 이후에는 들어갈 수 없게 아예 문을 닫아버린다고 했다. 서둘러 길을 재촉했다. 자칫 길에서 야생동물들과 밤을 보내는 끔찍한 일을 맞을 수는 없었다.

겨우겨우 오픈 게이트에 도착했다. 예약해 놓은 페이지를 출력해서 관리인에게 보여주자 크루거 국립공원 안으로 통과시켜 주었다. 재빨리 리셉션으로 차를 몰고 가서 체크인을 했다. 그리고 숨 돌릴 새도 없이 마켓으로 뛰어가서 저녁거리를 샀다. 크루거 국립공원 면적이 우리나라 경상도 정도 되었다. 캠핑 사이트는 거기서 또 차로 수십 분을 더 달려야 나왔다.

한 시간에 130km까지 갈 수 있게 마구 밟았다. 야생 스프링벅이 찻길 옆에서 삼삼오오 모여 풀을 뜯고 있었다. 소목 소과 동물이라는데 사슴이랑 비슷하게 생겼다. 국립공원 안에 들어온 게 실감 나기 시작했다. 저만치 앞 도롯가에 큰 회색 바위가 보였다. 멀리서 봐도 크기가 어마어마하다는 걸 금방 알 수 있었다.

너무 빨리 달려서 그랬는지, 가까워지면서 보이는 각도가 달라진 건지 바위 모양이 미묘하게 바뀌는 거 같았다. 어떻게 저렇게 커다란 바위가 있나 신기하게 눈길을 주고 있던 참이었다. 거대한 바위가 갑자기 기우뚱하는 듯하더니 벌떡 일어나버렸다. 바위가 아니라 코끼리였다. 우리나라 동물원에서 만났던 코끼리와는 차원이 달랐다.

거짓말 하나 안 보태고 이층집 높이였다. 덩치도 상상을 초월했다. 쥬라기공원에 온 듯한 착각이 들 정도였다. "뿌우우우" 울음소리를 내더니 길을 가로질러 반대편 수풀로 건너갔다. 우리 차를 향해 왔다면 대형 사고로 이어졌을 것이다. 다들 너무 놀란 나머지 토끼 눈이 되어버렸다. 순식간에 일어난 일이라 소리지를 새도 없었다.

코끼리가 사라지자 그제야 안심되었던지 키득키득 웃음이 나왔다. 고개를 절레절레 저으며 놀란 가슴을 진정시켰다. 차 앞으로 엄청나게 큰 코끼리가 지나가다니.... 어처구니없으면서도 재미있는 경험이었다. 크루거 국립공원에 잘 들어왔다고 제대로 된 신고식을 치러준 것 같았다. 코끼리로 재잘재잘 이야기꽃을 피우며 무사히 탐보티 캠핑 사이트에 도착했다.

군대에서 혹한기 훈련 때 사용했던 군용 막사를 쳐놓았다. 안에 침대 4개에 큰 옷장까지 갖춰져 있었다. 24인용 군용막사 크기라 자리가 넉넉했다. 창문에는 방충망을 견고하게 달았다. 지퍼 달린 텐트 천이 아닌 묵직한 나무 문을 통해 드나들었다. 안전을 가장 우선시해서 텐트를 세웠다. 천막만 아니면 게스트하우스라고 해도 될 거 같았다. 요즘 우리나라에서 말하는 캠핑과는 사뭇 달랐다.

출입문 밖에 둔 냉장고는 위에까지 딱딱한 철문을 둘렀다. 탐보티 말고도 다른 여러 캠핑 사이트가 크루거 국립공원 안에 있었다. 야생동물이 넘어오지 못하도록 사이트마다 주변에 전기 철조망을 설치했다. 바분이라 불리는 개코원숭이들은 이를 무시하듯 나무를 타고 넘어온다고 했다.

자기들끼리 표범을 사냥할 정도로 포학하고 잔인한 애들이었다. 음식은 모조리 냉장고에 넣어놓고 철문을 단단히 걸어 잠가야 했다. 안 그러면 냉장고를 열고 마구 헤집어놓은 것은 물론 여러 마리가 한꺼번에 몰려들어 위험하기 그지없어진단다. 음식을 만들어 먹은 뒤에는 깨끗하게 치워야 했다. 남은 음식을 텐트 안에 두는 것도 금했다. 무조건이었다.

마켓에 들렀을 때 고기가 저렴해서 부담 없이 티본스테이크를 골랐다. 영양 가젤 고기였다. 하나에 4천 원 정도 했다. 도착하자마자 얼른 밥을 지었다. 잘게 잘라 된장찌개에 조금 넣고 나머지는 소금, 후추 뿌려서 프라이팬에 구웠다. 소고기만큼은 아니어도 식감이나 맛이 굉장히 연하고 괜찮았다. 나름 한식이라고 보경이와 민준이가 행복해하며 맛있게 먹어 주었다.

식사하는 동안 음식 냄새를 맡은 개코원숭이 한 마리가 천막 위에 앉아 우리를 무섭게 쳐다봤다. 다행히 공격해오지 않았다. 긴 하루였다. 늦은 저녁을 허겁지겁 해치우고 곯아떨어졌다. 내일은 본격적으로 야생동물을 찾으러 나설 계획이었다.

▲ 우릴 위협했던 바분

Big 5를 모두 만날 수 있을까?

2월 13일 -

여기서 빅 파이브(Big 5)라 불리는 코뿔소, 코끼리, 사자, 버팔로, 표범을 모두 만날 수 있을지 기대되었다. 남아프리카공화국 지폐에 그려진 동물들이었다. 차를 몰고 나섰다. 찻길로 이리저리 다니면서 구경하면 되었다. 가이드 없이 자기 차로 움직일 수 있었다. 단 캠핑 사이트를 벗어나면서부터는 차 밖으로 나와 땅을 딛는 게 허락되지 않았다.

벌써 여러 동물이 아침을 먹으러 나와 있었다. 얼룩말은 군살 없는 매끈한 몸매를 자랑하는 듯했다. 흑과 백이 대비된 얼룩무늬는 훌륭한 미술 작품을 보는 것 같았다. 머리까지 덮은 갈기도 흰색과 검은색이 고루 섞여 있었다. 뛰는 게 특기인 임팔라, 스프링복의 근육도 장난이 아니었다. 유연하면서도 재빠르게 움직일 때마다 그렇게 멋있게 보일 수 없었다.

송곳니가 길게 삐져나온 멧돼지 품바가 수풀에서 모습을 드러냈다. 짧은 다리로 왔다 갔다 하는 모습이 괜히 씩씩거리며 다니는 것처럼 보였다. 아직 배가 고프지 않은지 수사자 한 마리가 나무 그늘에서 쉬고 있었다. 주변에 아무 관심 없는 듯이 마냥 느긋했다. 멀리 있어 자세히 보지 못해 아쉬웠다.

기린을 마주하고서 감탄을 연발했다. 기럭지가 무려 5m나 되었다. 선명한 갈색 무늬와 이마에 박힌 짧은 뿔, 서글퍼 보이는 눈까지 하나하나가 전부 신기했다. 기다란 목도 충분히 매력적이었다. 코끼리 대여섯 마리가 무리 짓고 있는 모습은 그날 처음 접했다. 전날 순식간에 우리 앞을 지나갔던 거대한 코끼리는 다른 데에 가 있는 모양이었다. 계속 찾았지만 만나지 못했다.

물에 들어간 하마는 아무리 기다려도 나올 생각을 하지 않았다. 통통한 등짝, 땡그란 두 눈, 양쪽 콧구멍만 물 밖으로 내놓고 있었다. 좀 더 가까이서 사진을 찍고 싶은 나머지 잠시 방심하고 말았다. 슬며시 차 문을 열고 내렸다. 자세도 잡기 전에 국립공원 지킴이들이 출동했다. 차 안에서만 촬영하라고 단단히 주의를 주고 돌아갔다. 우리 애들한테 부끄러웠다. 아빠가 잘못했다고 얼른 사과했다.

　얼룩말, 임팔라, 원숭이는 가는 데마다 자리를 잡고 있었다. 널려 있다고 해도 틀린 말이 아니었다. 너무 많이 봐서 나중에는 그냥 지나쳤다. 잠시 쉬어가기로 하고 이정표를 살폈다. 아래로 가면 스쿠쿠자(Skukuza) 캠핑 사이트, 위로 가면 사타라(Satara) 사이트로 가는 길이었다. 그날 스쿠쿠자에서 묵을 예정이었다. 사타라 사이트는 어떤지 구경할 겸 겸사겸사 가서 쉬기로 했다.

　　　　　　　　사타라 안에 있는 마켓에 들렀다. 사파리를 타고 투어하는 관광객들도 우리처럼 쉬려고 와 있었다. 한쪽 벽에 동물 시신을 담은 사진들을 붙여놓았다. 국립공원에서 몰래 사냥하는 사람들이 저질렀거나 동물들끼리 서로 싸우다가 죽음을 맞은 경우였다. 개체 수가 줄어들지 않게 많은 관심과 후원을 바란다는 글귀도 적혀 있었다.

　차를 돌려 스쿠쿠자로 이동했다. 동물들을 찾아보면서 쉬엄쉬엄 내려갔다. 물가에서 버팔로를 만났다. 더운 오후라 목을 축이려 했는지, 혼자서라도 물놀이를 하고 싶었는지 한 마리만 덩그러니 와 있었다. 너희 무리는 언제 오느냐고 물어보고 싶었다. 빅 파이브 중 코뿔소와 표범을 아쉽게 보지 못했다. 10랜드(rand)와 200랜드 지폐에 각각 인쇄된 그림을 대하는 걸로 만족해야 했다. 탄자니아의 세렝게티에서 봐야 할듯했다.

스쿠쿠자에서도 군용 막사에서 묵었다. 넓은 평상 위에 텐트가 쳐져 있었다. 출입문 앞에도 평상 공간이 넉넉했다. 식탁과 의자가 놓여 있어 테라스처럼 사용했다. 크루거 국립공원에서 스쿠쿠자 캠핑 사이트는 일종의 타운 같은 곳이었다. 팬션처럼 모든 게 갖춰진 곳부터 방갈로, 게스트하우스 등 다양한 숙소가 마련되어 있었다.

에어컨이 쾌적하게 돌아가고 뜨끈한 스파 서비스를 받을 수 있는 데는 하루에 80만 원이 넘었다. 우리 가족이 머물렀던 사파리 텐트는 요금이 10분의 1밖에 되지 않았다. 10만 원을 내면 몇만 원을 돌려받을 만큼 저렴했다. 공용화장실, 공용 샤워장을 썼지만 크게 불편할 정도는 아니었다. 캠핑 사이트여서 식당은 따로 없었다. 음식은 직접 해 먹어야 했다.

그날 점심은 간단하게 짜장라면을 끓이고, 저녁에는 카레를 만들었다. 여행을 떠난 지 얼마 되지 않아 한국에서 가져간 재료가 남아 있었다. 전날 마트에서 사 온 티본스테이크도 구웠다. 야생동물이 지천인 남아프리카의 크루거 국립공원이었다. 그곳의 캠핑장에서 한식을 요리해 먹었다. 꿈속 같은 저녁을 보냈다. 꼭 해보고 싶었던 캠핑이었다.

천혜의 자연, 부럽다 남아공!

2월 14일 -

크루거 국립공원에서 두 밤을 보내고 남쪽으로 이동했다. 남아프리카공화국의 남쪽 해안에는 바다와 어우러진 도시들이 아름답게 연이어 있었다. 제일 오른쪽의 포트엘리자베스(Port Elizabeth)부터 왼쪽 끝에 있는 케이프타운(Cape Town)까지 약 800km에 이르는 길을 가든 루트(Garden Route)라고 불렀다. 남아프리카공화국에서 최고의 경관을 자랑하는 곳이라고 안팎으로 소문나 있었다.

포트엘리자베스로 향했다. 낯선 길이고 또 워낙 먼 거리여서 하루 만에 가기에는 아무래도 무리라는 생각이 들었다. 중간에 다른 도시에서 묵고 다시 출발하기로 했다. 크루거 국립공원에서 막 빠져나오자마자 사람 얼굴이 크게 조각된 석상을 발견했다. 크루거 국립공원을 세운 사람인가? 크루거 지역에 처음 발을 디딘 서양인인가? 여러 상상을 하며 즐겁게 지나갔다.

길 왼쪽으로 짙은 초록색 잎이 대지를 뒤덮었다. 수많은 바나나 나무가 지평선까지 닿아 있었다. 바나나를 수확할 때 1백 개가 넘게 달린 큰 줄기를 일일이 손으로 베어야 할 텐데 저 많은 걸 어떻게 감당할지 잘 떠오르지 않았다. 바나나농장을 지나니 온통 바나나 사진으로 도배한 큰 컨테이너 트럭이 겹겹이 주차되어 있었다. 바나나를 가득 싣고 멀리 나르는 물류 차량인 것 같았다.

아파트 6~7층 높이는 족히 되는 활엽수가 길을 따라 끝도 없이 심겨 있었다. 하나 같이 군더더기 없이 일자로 쭉쭉 뻗었다. 울창한 숲이 정말 멋들어지게 보였다. 벌목한 나무를 운반하는 트럭을 만났다. 나무를 일정한 크기로 잘라 차곡차곡 실었다. 화물칸 길이가 다른 트럭의 두 배였다. 무게를 견디려 타이어를 두 겹으로 붙여놓았다. 한쪽에 여섯 짝씩 전부 열두 짝이 묵직하게 굴러가고 있었다.

"산림 관리를 아주 잘하는 거 같아 보이고, 좋고.... 아프리카 와서 계속 부러워만 하고 있습니다."

아내가 블로그에 부럽다는 마음을 내비쳤다. 풍요롭고 기름진 땅이었다. 아프리카는 척박하고 살기 힘든 곳이라고 막연하게 생각해왔었는데 잘못된 선입견이었다. 남아프리카공화국을 여행하는 동안 "치안만 괜찮으면 이런 데서 살고 싶다"고 아내가 수시로 얘기했다. 천혜의 자연을 간직하고 풍부한 자원을 지닌 남아프리카공화국이었다.

우리나라 고속도로의 방호벽처럼 남아프리카공화국은 고속도로 양옆에 철조망을 둘렀다. 야생동물이 갑자기 끼어들어 사고가 나는 거를 막기 위해서였다. 야생동물이 나올 만한 모든 도로에 그렇게 안전장치를 해놓았다. 넓은 땅덩어리를 생각하면 엄청나게 큰돈을 들였을 것 같았다. 점심을 먹으러 휴게소에 차를 댔다. 휴게소도 정말 깨끗했다. 우리나라 휴게소보다 더 세련되었던 것으로 기억한다.

민준이와 화장실에 나란히 서서 볼일을 보고 있는데 창문 너머로 코뿔소가 손가락만 하게 보였다. 신기해서 휴게소 뒤편으로 가봤다. 1백여 미터 떨어진 초록 벌판에 버팔로 떼가 유유자적 쉬고 있었다. 버팔로 무리와 큰 물웅덩이가 가까웠다. 그리로 코뿔소 서너 마리가 놀러 온 거였다. 거리가 있긴 했지만 선명하게 눈에 들어왔다. 빅 파이브 중에 가장 만나기 힘들다는 코뿔소였다. 뜻밖의 장소에서 야생동물을 봐서 색다른 느낌이었다.

끝없는 길을 계속 달렸다. 서울에서 부산까지 가고도 남는 시간 동안 도시로 들어가는 진입로를 찾을 수 없었다. 휴게소에 재차 들렀다가 다시 출발했지만 톨게이트 비슷한 것도 나오지 않았다. 한낮이 저만치 지나가 있었다. 숙소를 아직 구하지 못한 터라 조바심이 났다. 길바닥에서 잠을 청할 수 없는 노릇이었다.

다른 휴게소에서 물어물어 묵을 데가 멀지 않다는 것을 알 수 있었다. 해가 뉘엿

뉘엿 져가고 있을 즈음 고속도로에
서 빠져나가는 이정표를 발견했다.
제일 가까운 인(INN)으로 들어갔다.
작은 모텔 같은 곳이었다. 도로 가의
주유소에서 운영하는 숙소라 결제
도 주유소에 딸린 편의점에서 했다. 우리 가족이 함께 잘 수 있는 방이 있었다. 정말
다행이었다. 방이 다 찼다고, 다른 데로 가보라고 했으면 가슴이 쪼그라들었을
지도 모른다.

2월 15일 -

염려 가득했던 하루를 뒤로 하고
남은 길을 마저 떠났다. 가는 길에
테이블 마운틴(Table Mountain)이
도처에 널려 있었다. 식탁 테이블
같이 산 정상이 평평한 모습을 하고
있어서 테이블 마운틴이라고 불렀다. 우리처럼 포트엘리자베스로 향하다 테이블
마운틴을 하도 많이 봐서 정작 케이프타운의 상징과도 같은 유명한 테이블 마운틴
은 알아보지 못했다는 슬픈 사연이 전해 내려오고 있었다.

집들이 보이기 시작했다. 교외에 자리한 주택가였다. 낮은 언덕배기에 오밀조밀
모여 있었다. 포트엘리자베스 국제공항을 가리키는 표지판도 만났다. 조금 더
가니 멀리 하얀색 경기장이 시선을 끌었다. 남아공월드컵에서 한국과 그리스가

맞붙었던 포트엘리자베스 스타디움이었다.

마침내 포트엘리자베스에 발을 들였다. 이틀에 걸쳐 달려온 길이라 더 반가웠다.

가든 루트를 따라 달리기 시작

2월 16일 –

가든 루트의 시작인 포트엘리자베스를 둘러보았다. 주일이었다. 대구에서 아버지가 쥐여주신 예배 순서지를 가지고 가족예배를 드린 다음 밖으로 나갔다. 숙소에서 킹스 비치(King's Beach)가 차로 금방이었다. 일요일이라 그런지 많은 사람이 해수욕을 즐기고 있었다. 느긋하게 태양 빛에 피부를 그을리고, 서핑보드 위에 올라 파도와 씨름하는 이들도 보였다.

울퉁불퉁한 바위들이 솟아오른 해변에는 자연스레 유아용 풀장이 생겼다. 바위가 병풍처럼 파도를 막아주고, 좁은 바위 사이로 바닷물이 드나들었다. 서너 살밖에 안 된 꼬맹이들이 몸을 담그고 있었다. 물 깊이도 적당해 보였다. 모래사장을 가르며 바다 쪽으로 뻗은 다리 위도 걸었다. 바다를 마중 나간 듯했다. 끝에서 바다를 발밑에 두고 수평선을 바라봤다. 포트엘리자베스의 하늘이 눈부시게 맑았다.

해변 입구에 내걸린 간판에 킹스 비치가 아니라 넬슨 만델라 베이(Nelson Mandela Bay)로 쓰여 있었다. 포트엘리자베스 스타디움도 넬슨 만델라 베이스타디움(Nelson Mandela Bay Stadium)으로 이름이 바뀌었다고 한다. 넬슨 만델라를 무지무지 사랑하는 남아프리카공화국이었다. 그가 소천한 후 많은 데서 그의 이름으로 명칭을 변경한 것을 확인할 수 있었다.

하릴없이 어슬렁거리다가 벼룩시장이 열린 곳으로 걸음을 옮겼다. 장신구, 그릇, 조각상 등 아프리카 전통 목공예품을 바닥에 펼쳐놓았다. 물건을 팔던 어느 백인이 짧은 한국말로 우리에게 말을 걸어왔다. 한국에서 잠깐 살았던 적이 있다며 반가워했다. 이쪽 끝에서 저쪽 끝까지 천천히 구경하며 다녔다. 가방이랑 옷도 많았다.

해변에 공공수영장이 있었다. 요금이 굉장히 저렴했다. 어른이 3천 원, 어린이가 2천 원이었다. 물이라면 일단 뛰어들고 보는 아들이 바닷가에 와서 아무것도 하지 않아 입이  삐죽 튀어나와 있었다. 열심히 미끄럼 타고, 신나게 자맥질하면서 물놀이에 빠졌다. 수영하면서 바다를 한눈에 바라볼 수 있는 점도 좋았다. 수영장에서 벗어나 몇 발짝만 걸어가면 모래사장이었다. 수영장과 모래사장 높이가 거의 비슷했다.

성채 모양으로 지은 큰 건물이 넬슨 만델라 비치와 가까이 있어 산책 삼아 가보았다. 더 보드 워크(The Board Walk)라는 곳이었다. 호텔과 컨벤션센터가 있는 핫플레이스

였다. 연한 파랑, 연한 자줏빛 지붕이 예뻤다. 쇼핑몰과 극장, 엔터테인먼트 공간도 갖추고 있었다. 내부 곳곳이 상당히 고급스러웠다. 아내와 보경이 둘이 착 달라붙어 우아하고 세련된 물건을 열심히 눈에 담았다. 그날도 아내는 남아프리카공화국을 무척 맘에 들어 했다. 블로그의 글을 옮겨 본다.

"아름답고 고급스러운 포트엘리자베스를 열심히 돌아다녔습니다. 여행객이지만 공공시설도 이용해 보는 여유도 누렸습니다. 남아공은 정말이지 사랑스러운 나라입니다."

제프리 베이(Jeffereys Bay)로 이동했다. 거대한 파도를 타기 위해 전 세계 서퍼들이 모여드는 곳이었다. 매년 7월에 열리는 월드 서프리그도 유명했다. 서핑을 체험해보고 싶었지만 일정이 맞지 않아 하룻밤만 머물기로 했다. 우리나라와 외국이 다른 점 중 하나는 토요일 오후부터 마트가 문을 닫는다는 거였다. 금요일에는 장을 꼭 봐야지 생각했다가도 잊어버리는 실수를 되풀이하곤 했다.

운전하면서 부지런히 살폈지만 문을 연 마트를 도통 찾을 수 없었다. 픽앤페이(Pic n Pay)라는 마트가 남아프리카공화국에서 제일 유명했다. 그래도 한 군데는 영업하고 있지 않겠느냐는 기대는 여지 없이 빗나가버렸다. 결국 장보기는 실패하고 말았다. 점심도 거르고 출발했는데 마땅히 사 먹을 데가 없어 제프리 베이로 그냥 갈 수밖에 없었다.

그래도 우리가 예약한 숙소가 마음에 들어서 다행이었다. 두 시간 정도 걸려 아일랜드 바이브 백팩커(Island Vibe Backpackers)에 도착했다. 여기도 안전을 위해 입구에 묵직한 철문을 달았다. 벨을 눌러 예약 확인을 한 다음 안으로 들어가 주차할 수 있었다. 서핑을 즐기고 온 사람들이 널따란 마당에서 한가로이 휴식을 취하고 있었다. 서핑보드도 마당 여기저기에 내팽개치듯 놓여 있었다.

숙소 마당에서 제프리 베이가 한눈에 내려다보였다. 짙푸른 바다였다. 각자 저마다의 방식으로 바다를 감상하고 있는 것 같았다. 몇몇은 서핑을 하며 해변으로 들어오고 있고, 어떤 이들은 신이 나서 모래사장을 달렸다. 간이 망루에 올라앉은 흑인 아이는 하염없이 바다에 눈길을 주고 있었다. 젊음, 자유로움이 묻어나는 듯했다.

벌써 저녁때가 되었다. 젊은 친구들이 숙소 마당과 주방에 삼삼오오 모였다. 편을 갈라 당구를 치고, 테이블 사커를 하며 소리를 높였다. 뭐가 그리 재밌는지 음료수 잔을 들고 깔깔대며 수다를 떨기도 했다. 숙소 매니저로 보이는 청년이 친절하게 양해를 구하더니 민준이를 데려가서 테이블 사커를 같이 해주었다.

외국인들과 스스럼없이 어울려 노는 11살 어린 아들이 기특했다. 나름 이것저것 표현하며 말을 거는 모습이 귀여웠다. 그동안 함께 놀아줄 사람이 가족밖에 없었는데 잠시

나마 친구들이 생겨서 좋았던 것 같았다. 게임을 한판 하고 난 뒤에도 재밌는 게 또 없나 계속 두리번거리며 놀거리를 찾았더랬다.

주방에 간단한 조리도구가 준비되어 있었다. 장을 봤으면 음식을 해 먹었을

텐데.... 어쩔 수 없이 메뉴를 보고 주문했다. 주일 저녁이라 재료가 다 떨어졌는지 피자는 되고 치킨은 안 된다는 청천벽력 같은 얘기를 들어야 했다. 우리 가족이 점심도 못 먹고 지금까지 기다렸다고 창피를 무릅쓰고 애걸복걸했다. 가장의 절규가 통했는지 못 이기는 척하며 바비큐 치킨 1인분을 내주었다. 피자 두 판이랑 맛있게 먹었다.

남부 해변의 아름다움에 반하다

2월 17일 -

일찍 일어나 혼자 제프리 베이를 거닐었다. 구름 한 점 없는 하늘이었다. 수평선에서 붉은 해가 서서히 떠올랐다. 넋 놓고 바라보았다. 아름다운 일출이었다. 해 밑동이 바다에서 막 떨어지려고 할 때 핸드폰에 담았다. 어제와 다른 새날이었다. 오늘도 갈 길이 새로웠다. 간단히 아침을 먹고 길을 나섰다.

치치카마 국립공원(Tsitsikamma National Park)으로 향했다. 세계에서 가장 높은 번지점프대가 거기 있었다. 스톰스 리버 빌리지(Storms River Villiage)라는 예쁜 마을을 지나 블로크란스 강(Bloukrans River)에 닿았다. 입이 쩍 벌어질 정도로 어마어마하게 높은 다리가 보였다. 블로크란스 다리였다. 이쪽 산과 저쪽 산이 이어지도록 아치형 콘크리트를 박고 아치 위에 수직으로 기둥들을 세웠다. 기둥 위에 사람이 건너다니는 다리 상판을 올려놓았다.

아치 꼭대기와 상판 아래의 작은 공간이 번지점프대였다. 다른 사람 블로그를 검색해보니 번지점프 요금이 950란드였다. 8만 5천 원 정도였다. 번지점프대까지 걸어서  갔다 오는 번지 투어는 1만2천 원을 내야 했다. 다리를 쳐다보기만 해도 심장이 떨렸다. 가족 중 번지점프를 해보자고 말을 꺼내는 사람이 없었다. 생각만 해도 아찔했다. 아내가 블로그에 우리 가족의 심경을 잘 표현해놓았다.

"아무리 봐도 어떻게 가는지도 모르겠더라고요. 아무리 봐도 저건 할 짓이 못 되더라고요. 아무리 봐도 저기서 점프하면 바닥까지 너무 멀더라고요."

누군가가 다리에 줄을 묶고 216m 높이에서 뛰어내렸다. 오 마이 갓! 줄이 다 풀려서 다시 튕겨 오를 때까지 한참을 기다렸다. 같이 보고 있던 관광객들도 고음을 질렀다. 그네 타듯 왔다 갔다 하는 시간도 굉장히 오래 걸린 느낌이었다. 대부분 번지점프를 마치면 밑에서 대기하고 있다가 받아주는데 여기는 계속 거꾸로 매달려 있게 내버려 두었다.

조금 있다 직원 한 명이 허리춤에 찬 줄 하나만 붙잡고 내려왔다. 모터에 연결되어 있는지 자동으로 서서히 강과 가까워졌다. 번지점프 한 사람에게 다른 줄을 연결해주더니 아까처럼 자동으로 점프대로 같이 올라갔다. 관광객은 돈 내고 재미로 점프한다지만 그 돈을 벌려고 216m를 매번 오르락내리락하고 있었다. 직원이 더 대단해 보였다.

우리는 번지점프 대신 차로 블로크란 다리를 지나 플레튼버그 베이(Plettenberg Bay)로 이동했다. 네이버에서 플레튼버그 베이를 검색해보았다. 대서양과 인도양, 태평양에 서식하는 해양 생물이 한데 만나는 곳이었다. 몸길이가 20m가 넘는 긴수염고래가 오랫동안 번식해온 곳이라고 나와 있었다. 많게는 9천 마리에 달할 정도로 참돌고래 떼가 출현해서 유명하다고 했다. 아마도 세계에서 가장 다양한 고래가 모이는 곳일 거라는 말도 덧붙여 있었다.

썰물 때라 바닷물이 쫙 빠져나가고 숨어 있던 모래사장이 훤히 드러났다. 몇몇 배는 모래사장 한가운데에 기우뚱하게 가라앉아 있었다. 바다가 멀었다. 밀려오는 파도를 맞으려면 한참을 나가야 했다. 금발 머리 꼬마 애가 발가벗은 채로 빨빨 뛰어다녔다. 세 살쯤 되어 보였다. 제 세상인 양 해맑게 웃으며 발로 모래를 차는 모습이 아주 깜찍했다.

어부처럼 보이는 아저씨들이 허리를 굽혀 모래를 헤집더니 뭔가를 끄집어내고 있었다. 강이나 바다에서 잡는 걸 무지무지 좋아하는 우리 가족인지라 얼른 구경하러 갔다. 맛조개였다. 비닐봉지에 담은 맛조개를 우리에게 보여주었다. 한 번 먹을 만큼만 잡았는지 양이 많지 않았다. 얘기 잘해서 몇 개 얻어오고 싶었는데 입맛만 다시고 돌아서야 했다.

비수기인 2월이라 사람이 거의 없었다. 고래도 보지 못했다. 6월과 7월에는 혹등고래 떼가 플레튼버그 베이를 찾는단다. 고래가 오는 시기에 다시 와보고 싶었다. 범고래도 자주 보인다고 했다. 고래를 구경하러 오는 사람들의 천국이라는 플레튼버그 베이였다. 그 모습은 어떨지 궁금하며 다시 길을 나섰다.

가든 루트 중 하나인 나이즈나(Knysna)에 닿았다. 워터프런트(Waterfront) 이정표가 크게 보여 일단 들어갔다. 부두에는 호화로운 요트가 빼곡히 들어차 있고 상점, 식당, 카페, 광장이 부둣가에 늘어서 있었다. 유럽의 신도시처럼 고급스럽게 정돈해 놓았다. 워터프런트 자체가 큰 쇼핑단지라고 해도 틀린 말이 아니었다.

한낮인데도 많은 사람이 나왔다. 바다를 옆에 끼고 느긋하게 차를 마시는 모습이 무척이나 여유롭게 보였다. 식당마다 문 앞 메뉴판에 굴 요리를 큰 글자로 적어놓았다. 우리 같은 나그네 관광객에게는 한없이 부담스러운 가격이었다. 작고 아담한 시골 마을에 이렇게나 세련되고 말끔한 수변 공간이 있다는 게 놀라웠다. 정말 잘 사는 나라라는 걸 다시금 실감했다.

너무 더운 나머지 걸음걸이가 축 늘어졌다. 한 카페에 들러 시원한 음료를 들이켰다. 거의 익어가던 얼굴을 조금 식히고 다시 출발했다. 나이즈나 해변이 시원하게 내려  다보이는 데서 잠시 멈췄다. 말발굽처럼 해안이 둥글게 굽어 있었다. 멀리서 들어오는 파도와 해안 가까이 도달한 파도가 한눈에 보였다. 저 멀리 굽어진 끝이 부리 모양으로 뻗어 있는 것 같았다. 저런 데를 곶이라 부른다고 아이들한테 설명해주었다.

숙소로 가는 길에 바즈버스(Baz Bus)가 한 대 지나갔다. 우리나라 9인승 승합차처럼 생겼는데 조금 더 길고 덩치가 약간 더 컸다. 만약 렌트를 못하게 되면 바즈버스를 타고 여행해야 하나 고민했었다. 전세버스 같은 차량이었다. 가든 루트를 다니는 동안 바즈버스와 연계된 숙소를 주로 이용했다. 한두 명이 남아프리카공화국을 여행할 때는 렌트할 필요 없이 바즈버스를 이용하는 것도 괜찮겠다는 생각이 들었다.

중간점검을 해보았다. 포트엘리자베스에서 시작해 제프리 베이를 거쳐 플레튼버그 베이, 나이즈나까지 둘러보았다. 이틀 동안 가든 루트의 절반을 달렸다. 남아프리카공화국의 아름다운 남부 해변을 누릴 수 있어 행복했다. 이동하는 내내 왼쪽으로 황금빛 백사장과 크고 작은 만이 쉴 새 없이 펼쳐졌다. 남은 여정도 기대되었다.

아프리카의 남쪽 맨 끝, 케이프 아굴라스

2월 18일 -

모셀 베이(Mossel Bay)에 다다랐다. 모셀 베이는 남아프리카공화국에서
유난히 바다색이 예쁘기로 정평 나 있었다. 잉크를 풀어놓은 듯한 코발트색 하늘
과 초록과 파랑을 뒤섞어 놓은 바다가 절묘한 조화를 이룬다는 감상평이 넘치고
넘쳤다. 바닷가 모래도 곱디고왔다. 세계 곳곳의 수많은 사람이 찾는 곳이었다.

헌데 날씨가 칙칙했다. 잔뜩 찌
푸린 하늘에 바람까지 심하게 불었
다. 유명한 휴양지인데도 우리가
갔을 때는 너무 한산하고 한적해서
썰렁한 느낌이 들 정도였다. 오래

머물다가 괜히 기분만 상할 것 같았다. 살짝만 구경하고 케이프 아굴라스(Cape
Agulhas)로 떠났다. 날씨만 좋았으면 더 놀다가 갔을 텐데.... 왠지 서운하고
아쉬웠다.

케이프 아굴라스는 남아프리카공화국에서 제일 아래쪽에 자리했다. 많은 사람
이 남아프리카공화국의 최남단은 희망봉(Cape of Good Hope)이라고 알고
있는데 그건 사실이 아니다. 지형학적으로 인도양과 대서양을 구분하는 장소가

케이프 아굴라스이다. 바닷속 생태를 근거로 인도양과 대서양을 나눌 때는 희망봉이 기준이 된다고 한다. 케이프 아굴라스를 먼저 보고 희망봉은 나중에 가보기로 했다.

케이프 아굴라스 이름은 'Cape of Needles'를 의미하는 포르투갈어에서 비롯되었다. 우리말로 바늘곶이라는 뜻이다. 해안가에 날카롭고 뾰족한 암초가 빽빽하게 줄지어 늘어서 있고, 여기서 나침반을 사용하면 바늘이 항상 진북을 가리켜서 그런 이름을 갖게 되었다고 한다. 예쁜 빨간 등대 앞에 차를 세웠다.

아굴라스 등대(Agulhas Lighthouse)는 1849년 3월 1일에 세워졌다. 170년도 더 되었다. 남아프리카공화국에서 두 번째로 오래된 등대였다. 등대 앞 이정표에 'Southernmost Tip of Africa'라는 글자가 선명했다. 인도양과 대서양을 가르는 구분점이 1,050m가 남았다고 표시되어 있었다. 거기서부터 1km를 걸어가야 했다.

세찬 바람에 파도가 높게 일었다. 시원하다 못해 서늘하기까지 했지만 근사한 경치를 막지 못했다. 흰 거품이 이는 바다와 갈색 바위, 초록 들판이 아름답게 어우러졌다. 아내는 영화 나니아 연대기의 한

장면이 떠올랐다고 한다. 영화 속에 들어와 있는 듯한 멋진 풍경에 계속 눈을 의심했다고 들려주었다. 그렇게 등대에서 땅끝으로 뻗은 나무 데크 길을 15분여 걸어갔다.

마침내 기념탑에 닿았다. 어른 가슴 높이로 돌무더기를 쌓고 앞에 동판을 붙여놓았다. 이곳이 아프리카 대륙의 최남단임을 알리는 글이 새겨져 있었다. 여기서부터 왼쪽이 인도양이고 오른쪽이 대서양이라는 표시

도 볼 수 있었다. 인도양과 대서양이 서로 만나고 나뉘는 지점이 바로 거기였다. 기념탑 앞에서 인생샷을 한 컷씩 찍었다. 독사진도 찍고, 커플 사진도 만들었다. 예쁘게 잘 나와서 흐뭇했다.

사진을 찍고 돌아서는데 그냥 가기가 너무 아쉬웠다. 물가에서 잡아먹는 걸 좋아하는 우리 가족이었다. 바닷물이 빠져나간 바위 위에 싱싱한 보말이 덕지덕지 붙어 있었다. 남아프리카공화국 사람들은 거들떠보지도 않는지 온통 널려 있는 게 미역이었다. 기웃기웃하다 에라 모르겠다 하고 민준이랑 바다 가까이로 내려갔다. 아내와 보경이가 참으라고 말리는 소리가 귀에 들어오다 말았다.

허리를 구부려 열심히 보말을 주웠다. 따로 담아 갈 데가 없어 일단 바지 주머니에 채워 넣었다. 옷이 다 젖었지만 상관없었다. 민준이는 작은 손에 보말을 잔뜩 움켜쥐고는 신이 나서

엄마에게 달려갔다. 숙소에 가서 보말 넣은 미역국 꼭 끓여 달라고 졸랐다. 민준이의 표정이 한껏 기대에 부풀어 있었다.

바지 양쪽이 볼록 튀어나왔다. 한 손에 보말에 더는 못 얹을 정도로 올려놓고

민준이를 불렀다. 잠깐 웃옷을 벗어달라고 부탁했다. 민준이 옷을 보자기 삼아 전부 옮기고 옮긴 것만큼을 더 주워 담았다. 뉴질랜드에서는 바다생물을 함부로 채취하면 무거운 벌금을 물린다던데 남아프리카공화국에서는 금지푯말 같은 것을 한 번도 볼 수 없었다.

경치 좋은 케이프 아굴라스를 떠나 허머너스(Hermanus)에 도착했다. 허머너스도 고래를 가까이서 볼 수 있는 지역으로 알려져 있었다. 해마다 7월에서 11월이면 고래가 해변 근처로 올라와서 많은 관광객이 찾아온다고 했다. 우리가 갔을 때는 느긋하고 여유로운 분위기였다. 마을이 깨끗하게 잘 정돈되어 있어 아내가 맘에 쏙 들어 했다.

바즈버스 책자를 보고 예약한 숙소도 괜찮았다. 백인 할머니 세 분이 공동으로 운영하는 것 같았다. 어찌나 깔끔한지 세심하게 신경 써서 청소한다는 걸 금방 알 수 있었다. 할머니들이 분리수거도 직접 했다. 왠지 낯설었다. 남아프리카공화국에서 흑인이 아닌 백인이 분리수거 하는 모습은 그때가 처음이었다.

식당 한쪽 선반에는 손수 만든 과일잼 수십 통을 가지런히 올려놓았다. 종류별로 유리병에 가득가득 담았다. 색깔이 예뻤다. 아침 식사 시간에 맛보라고 내어주기도 하는 모양이었다. 좋은 가정집에 초대받아 온 느낌이 들었다. 하루가 멀다고 다른 데를 찾아 움직이는 우리 가족이었다. 긴장이 확 풀리면서 마음이 편안해졌다. 가족들 모두 만족해 했다.

저녁으로 고기를 사 와서 프라이팬에 굽고 카레를 만들었다. 아굴라스에서 가져온 보말도 삶았다. 민준이가 손으로 일일이 살을 발라냈다. 까무잡잡한 껍질이 접시에 수북이 쌓였다. 어렸을 적 바늘이나 이쑤시개를 가지고 보말 살을 쏙쏙

빼먹던 게 생각났다. 보말을 먹고 말겠다는 일념으로 껍질 까기에 집중하는 민준이를 보니 저절로 미소가 지어졌다. 하나 집어먹어 보았다. 고소한 맛이 순식간에 입안에 퍼졌다.

보말미역국 끓이다가 한 소리 듣긴 했는데…

2월 19일 -

다음 날 아침에 미역국을 끓이고 있는데 세 할머니 중에 한 분이 "Mr. Kim!"하고 연신 남편을 불렀다. 분리수거를 하다가 쓰레기통에 들어 있던 보말 껍질을 보고 우리를 찾은 거였다. 손님인 우리한테 엄하게 야단치기 시작했다. 처음에는 보말을 잡은 게 큰 잘못인 줄 알았다. 한참을 뭐라 뭐라 해대는데 죄인이 된 듯한 기분마저 들었다.

짧은 영어 실력이었지만 가만 듣고 있으니 말이 좀 심하다는 생각이 들었다. 이렇게 작은 걸 잡으면 어떡하냐고, 사람으로 치면 어린아이를 죽이는 거나 마찬가지라는 게 골자였다. 보말에 대해 잘 모르는 게 틀림없었다. 다 듣고 난 뒤 손짓, 발짓 써가며 설명했다. 요만한 크기면 다 자란 거고, 한국에서는 이것보다 훨씬 작은 것도 먹는다고 말해주었다.

내 말이 알아들을 만했는지 할머니의 표정이 누그러들며 달리 생각해보는 눈빛으로 바뀌었다. 그러곤 어깨를 두어 번 으쓱하더니 남은 일을 마저 하러 나갔다. 우리를 어글리 코리언으로 여겼던 걸까? 서로 곤란해질 뻔한 순간을 잘 넘겼다. 오해가 풀렸으니 더는 기분 나빠하지 말고 즐겁게 있자고 가족들을 다독였다.

일주일 뒤 그 숙소에 다시 갔을 때였다. 다른 할머니 한 분이 마당에서 달팽이를 잡고 있었다. 지나가는 우리를 불러 세우더니 달팽이 요리를 할 줄 아느냐고 물어왔다. 머릿속에 여러 생각이 오갔다. 보말이랑 달팽이랑 뭐가 다르냐고 묻고 싶었다. 보말을 삶아 먹는 게 덜 잔인하지 않냐고 말해주고 싶기도 했다.

세계를 돌아다니며 백인들의 우월의식을 종종 접했다. 외국인이면 당연히 저지를 수 있는 작은 실수인데도 정색하고 지적하는 모습을 정말 많이 봤다. 예절과 규율을 중요시하는 유럽 사람들도 은근슬쩍 새치기하고 쓰레기를 아무렇지 않게 길바닥에 버렸다. 우리가 동양인이라는 이유만으로 자동차 경적을 마구 울리면서 지나가거나 우리를 향해 두 눈을 양옆으로 찢으면서 비아냥거리는 일도 겪었었다.

백인이라고 전부 친절하고 예의 바른 건 아니었다. 오히려 우리나라 사람들이 질서를 지키며 그네들을 배려하는 모습을 쉽게 볼 수 있었다. 여행하는 내내 한국의 의식 수준이 굉장히 높다고 느꼈다. 외국이라고 너무 조심조심하지 말고 자신감을 가지고 당당하게 행동해도 될 것 같았다. 한국 사람에겐 그럴 만한 자격이 충분히 있다고 여겨졌다.

그 할머니가 나가고 마음을 진정시킨 다음 도시락을 쌌다. 맛있게 끓인 미역국도 새지 않게 잘 담았다. 아프리카 펭귄을 구경하러 길을 나섰다. 멀지 않은 곳에 베티스 베이(Betty's Bay)가 있었다. 아프리카 펭귄이 무리를 이루고 있다고 했다. 추운 남극에 사는 펭귄과 무더운 아프리카에 사는 펭귄은 뭐가 다를지 몹시 궁금했다.

펭귄을 1초라도 빨리 보고 싶은 마음에 차에서 내리자마자 해변으로 뛰어 내려 갔다. 무슨 일이 있었는지 펭귄이 한 마리도 보이지 않았다. 일광욕을 즐기는 사람한테 가서 펭귄이 어디 있는지 아느냐고 물었다. 여기서 조금 더 가야 한다고 해서 일단 끄덕끄덕했다. 알겠다고, 고맙다고 하고 돌아 나오는데 옆에 수영하러 와있던 가족이 전부 옷을 주섬주섬 입더니 자기들이 안내해주겠다며 우리를 앞질러 갔다.

내 대답이 썩 미덥지 않았던 모양이었다. 자기네 차를 따라오라고 했다. 펭귄이 그려진 베티스 베이 이정표를 지나 주차장까지 우리를 에스코트해주었다. 금방 닿는 곳이었지만 우리를 위해 한 가족이 기꺼이 시간을 내어 수고해주었다. 뜻밖의 친절이 무지무지 고마웠다. 아침에 보말 껍질 때문에 속상했던 마음이 사르르 녹았다. 그들이 본래 있던 해변으로 다시 떠날 때까지 "Thank you so much!"만 열 몇 번을 내뱉었던 것 같다.

입장료를 내고 아프리카 펭귄 서식지로 들어갔다. 해변가 바위에 정말 많은 펭귄이 살고 있었다. 키가 사람 무릎 정도밖에 안 오는 귀여운 펭귄이었다. 더운 데에 살아서 그런지 다른 곳에서 봤던 펭귄보다 홀쭉해 보였다. 조용히 구경하라고 안내받았다. 바다 쪽은 펭귄들이 이동하거나 수영하는 곳이고, 육지 쪽은 알을 낳고 새끼를 키우는 곳이었다.

부화시키는 자리와 새끼를 놔두는 장소가 따로 있다고 했다. 펭귄 여러 마리가 한꺼번에 들어가는 동굴도 있었다. 밤이 되면 우르르 몰려가 잠을 청하지 않

을까 싶었다. 펭귄 서식지에 나무 데크 길을 깔고 쇠 살로 만든 울타리를 양옆에

세웠다. 겁 없는 펭귄 몇 마리가 데크 길 가까이 다가왔다. 사람을 구경하러 온

듯했다. 아프리카 펭귄을 지척에 두고 볼 수 있긴 했지만 정해진 길을 한 번 갔다

가 다시 오는 것뿐이어서 입장료가 살짝 아까웠다.

역시나 근사한 경치가 우리의 발

목을 잡았다. 차에서 내려 점심을

먹고 가기로 했다. 준비해간 도시락

을 꺼냈다. 바다를 바라보며 먹는

보말미역국 맛이 일품이었다. 점심

을 잽싸게 해치운 다음 또 뭐 잡을

게 없나 민준이랑 두리번거리며 해

변을 돌아다녔다. 시간만 충분했으

면 종일 그러면서 놀았을 것 같다.

우리가 식사한 자리 뒤에는 인공

해수욕장이 만들어져 있었다. 모래사장에 넓게 삼면으로 낮은 제방을 쌓아 놓았

다. 바닥은 본래 해변 바닥 그대로였다. 아줌마들이 들어와 보라고 우리에게 손짓

했다. 바닷물이 아닌 민물로 채웠는지 여기에 몸을 담그면 아픈 다리가 낫는다

는 설명을 곁들였다. 다리가 아프지는 않았지만 좋은 물이라는 말에 들어가지

않을 수 없었다. 아줌마들이 앉았던 바위에 똑같이 걸터앉아 찰칵 사진을 찍었다.

케이프타운(Cape Town)으로 출발했다. 입성하기 전 빈민촌을 지나쳤다. 천정

에 지붕 대신 얇은 양철판을 얹은 집이 다닥다닥 붙어 있었다. 가난한 흑인들이

거주하는 지역이었다. 집들이 하나

같이 작았다. 남아프리카공화국이

한때 식민지였다는 사실을 떠올리게

했다. 오랜 세월이 지난 지금까지

상당수의 흑인이 빈곤에 머물러 있

다는 것을 한눈에 확인할 수 있었다.

한국 분이 케이프타운 도심에서 백팩커 숙소를 운영하고 있다고 해서 그곳을

예약했다. 케이프타운에 들어서자 현대식 빌딩 숲이 우리를 반겼다. 영국처럼

빨간색 이층버스가 거리를 누비고 있었다. 희망봉을 볼 생각에 설렜다.

테이블 마운틴, 산이 평평해 진짜야!

2월 20일 -

케이프타운의 랜드마크인 테이블 마운틴으로 갔다. 멀리 보이는 테이블 마운틴의 정상이 너르고 평평했다. 뾰족한 모양은 아예 없었다. 완만한 언덕도 아니었다. 식탁, 탁자라는 이름답게 그냥 일자였다. 케이프타운까지 오는 동안 테이블 마운틴을 하도 많이 봐서 큰 기대는 없었다. 서울의 남산처럼 케이프타운에 있어서 유명해졌다는 생각이 들었다.

빨강, 노랑, 하양 예쁜 색깔의 케이블카가 사람들을 산 정상로 부지런히 실어나르고 있었다. 우리도 케이블카를 이용했다. 케이블카의 동그란 몸체가 천천히 회전하면서 올라갔다. 사방 경치를 골고루 구경하며 꼭대기까지 갈 수 있었다. 가파른 절벽에 수많은 지층이 나 있었다. 마치 공책에 그어진 줄처럼 누군가가 산 이쪽 끝에서 저쪽 끝까지 선을 길게 쓱쓱 그어놓은 듯했다. 일정한 간격으로 겹겹이 쌓여 있어 신기하게 쳐다보며 올라갔다.

테이블 마운틴은 높이가 해발 1km에 달했다. 케이블카에서 내리니 큰 높낮이 없는 너른 바위 밭이 길게 뻗어 있었다. 등산 초입이라고 해도 믿을 것 같았다. 평평한 능선 길이가 무려 3km였다. 산 정상을 두루 다닐 수 있도록 가장자리를 따라 산책로를 조성해 놓았다. 케이블카 스테이션에서 반대편 끝까지 갔다가 돌아오는 데에 45분이 걸린다고 지도에 표시되어 있었다.

사방이 확 트인 정상에 오르니 가슴이 뻥 뚫린 것처럼 시원해졌다. 짙푸른 대서양 바다와 오밀조밀하게 들어찬 케이프타운의 중심지가 그림처럼 펼쳐져 있었다. 세상을 한눈에 내려다보는 듯했다. 온통 평온해 보였다. 하나님이 만드신 솜씨에 감탄을 거듭했다. 산 정상에서만 누릴 수 있는 아름다운 풍광이었다.

테이블 마운틴의 서쪽 아래에는 사자의 머리(Lion's Head)라 이름 붙여진 산이 자리했다. 스핑크스를 닮은 봉우리가 우뚝 솟아 있었다. 사자의 몸통 부분은 시그널 힐(Signal Hill)이라고 불렀다. 시계가 없던 시절 매일 정오에 그곳에서 대포를 쏘아 해안 주변 선박에 시간을 알렸다고 한다. 시그널 힐 너머 바다에 외딴 섬이 흐릿하게 보였다. 넬슨 만델라가 18년간 유배 생활을 했던 로벤 아일랜드(Robben Island)였다. 자유를 향한 갈망이 서려 있는 듯했다.

테이블 마운틴 동쪽 끝자락의 언덕은 악마의 봉우리(Devil's Peak)라는 이름을 지녔다. 퇴역한 해적인 판 훈크스와 악마가 거기서 담배 피우기 대결을 벌였다는 전설이 얽혀 있었다. 실제로 테이블 마운틴에서는 정상이 낮게 깔린 구름으로 뒤덮이는 장관이 자주 연출된다. 바다에서 보내온 물기 머금은 바람과 산꼭대기의 차가운 공기가 만나 식탁보(Table Cloth) 구름을 만들기 때문이다.

정상에서 생겨난 구름은 널찍한 식탁보를 덮어둔 것처럼 절벽을 감싸며 흘러내린다고 한다. 산허리까지만 보이고 그 위는 하얀 구름에 파묻혀 모습을 감추는 날이 많다고 들었다. 아쉽게도 우리가 갔던 날에는 식탁보 구름을 볼 수 없었다. 대신 먹구름이 잔뜩 밀려와 비를 흩뿌렸다. 바람막이 옷을 챙겨가지 않은 게 후회되었다. 바람까지 불어 추웠다. 반팔, 반바지 차림으로 오들오들 떨다가 급하게 내려와야 했다.

내려오는 케이블카 스테이션에 유네스코에서 지정한 세계 7대 자연경관 사진이 걸려 있었다. 그중 하나가 제주도의 성산일출봉 사진이었다. 가장 잘 보이는 가운데에 턱 하니 붙었다. 뭣 모르고 올라갔다가 테이블 마운틴의 매력에 푹 빠진 참이었다. 테이블 마운틴도 7대 자연경관에 속해 있었다. 우리나라 제주도가 테이블 마운틴과 어깨를 나란히 하고 있어 뿌듯한 마음이 들었다.

케이프타운에 들어올 때 봤던 빨간 이층버스가 알고 보니 시티투어 버스였다. 시티투어 버스 뒤를 쫓아가기로 했다. 아름다운 해변 길로 우리를 끌고 갔다. 그림 같은 집들이 바다를 바라보며 줄지어 있었다. 남아프리카공화국에서 부동산 가격이 가장 비싸다는 캠스 베이(Camps Bay)였다. 레스토랑, 카페도 호화롭기 그지없었다. 상당수가 내놓으라 하는 전 세계 대부호와 할리우드 스타들이 지어 놓은 별장이었다. 백인들이 슬리퍼 차림으로 가볍게 산책하거나 자전거를 타고 유유히 돌아다녔다. 이곳이 얼마나 안전한 지역인지를 가늠해 볼 수 있었다.

시티투어 버스를 열심히 뒤쫓아 워터프런트에도 닿았다. 며칠 전 나이즈나에서 들렀던 워터프런트보다 훨씬 세련되고, 비교가 안 될 정도로 규모가 컸다. 사람들이 몰려들지 않을 수 없게끔 만들어두었다. 바다에는 하얀색 고급 요트들이 뽐내듯 정박해 있고, 거리에는 전통의상을 입은 사람들이 그네들의 춤사위로 공연을 펼쳤다.

쇼윈도마다 안팎으로 동물 형상의 예술 작품을 전시해 눈길을 사로잡았다. 알록달록하고 화려한 색상으로 치장되어 있었다. 넓어도 너무 넓은 쇼핑몰은 길을 잃기 십상이었다. 거대하다는 느낌이 들 정도였다. 워터프런트에서 바라보는 테이블 마운틴의 전경은 역시나 놀라웠다. 대자연과 현대적인 도시가 조화를 이룬 모습이 무척 아름다웠다.

워터프런트를 열심히 눈에 담고 있는데 갑자기 한국말이 들려 발걸음을 멈췄다. 경상도에서 온 대학생들이 무리 지어 가고 있었다. 학교에서 우수한 학생들을 선발해 연수 보내주었다며 자신을 소개했다. 모두 7명이었다. 먼 이국땅에서 마주쳤다는 것만으로도 반가웠다. 양해를 구하고 사진을 찍었다. 케이프타운에서 한국 사람들을 만난 걸 왠지 기억해두고 싶었다.

아프리카의 땅끝을 밟다

2월 21일 ―

희망봉을 볼 생각에 들떴다. 물개섬(Seal Island)을 먼저 구경하고 가기로 했다. 물개들이 바위 섬에서 떼를 지어 사는데 볼만하다고 했다. 하우트 베이(Hout Bay)로 차를 몰았다. 해안이 말발굽처럼 굽어 바다가 육지 쪽으로 둥글게 들어와 있었다. 배편을 알아보고 티켓 4장을 구매했다. 어느 나라에서 왔냐고 물어서 한국이라고 대답했더니 한글로 된 안내지를 건네주었다. 우리나라 사람들이 머나먼 아프리카까지 많이들 찾아오는 모양이었다.

물개를 보러 가는 사람들로 배가 꽉 들어찼다. 그리 크지 않은 배였다. 굽어진 해안 안쪽 끄트머리에서 배가 출발했다. 출렁이는 파도에 배가 위아래로 크게

들썩였다. 이러다 멀미가 나지 않을까 긴장했지만 얼마 지나지 않아 큰 착각이었
다는 걸 알게 되었다. 큰 바다로 돌아나가자마자 저만치에 납작한 뭔가가 눈에
들어왔다. 그게 물개섬이었다. 금방 가 닿았다. 이곳 사람들이 너무 쉽게 돈을
버는 거 같아 얄미워 보이기까지 했다.

물개섬이 가까워질수록 해초 향이 진하게 풍겨왔다. 섬 주변에 물개들의 먹이
인 다시마가 넘쳐나는 듯했다. 물개들이 자기들 보러 오는 줄 알고 떼로 모여 누워
있었다. 테니스코트 여덟아홉 개 정도는 거뜬히 들어갈 것 같은 넓은 바위였다.
세상의 물개라는 물개는 다 와 있는 듯했다. 헤엄치고 있는 물개들이 적지 않았
는데도 바위가 온통 물개로 뒤덮여 있었다. 처음에는 많으면 얼마나 많다고 이런
관광상품을 만들었나 반신반의했다. 천혜의 자연환경이라는 말이 끊임없이
나왔다.

배가 물개섬을 오른쪽으로 한 바퀴 돌고, 다시 왼쪽으로 한 바퀴 돈 후 해변으로 향했다. 깜찍하고 귀여우면서도 살짝 징그러워 보이는 물개 떼에 눈을 뗄 수 없었다. 물개섬이 집게손

가락만 하게 보일 때까지 계속 바라봤다. 천천히 돌아보고 왔는데도 1시간밖에 걸리지 않았다. 선착장 부근에는 사람이 길들인 물개 몇 마리가 부두 위로 올라와 있었다. 돈을 쥐여주면 생선 먹이는 모습을 보여주거나 물개랑 사진을 찍게 해주었다.

이제 남아프리카공화국의 상징이자 아프리카 대륙의 끝인 희망봉을 보러 갈 차례였다. 근사한 해변도로를 1시간 조금 넘게 달리자 희망봉으로 올라가는 게이트가 나왔다. 희망봉은 포르투갈의 탐험가 바르톨로뮤 디아즈(Bartolomeu Diaz)가 유럽인으로 처음 발견했다. 바르톨로뮤 디아즈는 전설의 기독교국인 에티오피아로 가기 위해 아프리카 대륙의 서쪽 해안을 따라 항해하다 무서운 폭풍우를 만났다. 13일 동안 표류하다 도착한 곳이 지금의 희망봉이었다.

또 다른 이야기도 있다. 그는 13일간 바다를 떠다니다 서풍을 타고 다시 육지 가까이 오게 되어 우여곡절 끝에 모셀 베이에 닿을 수 있었다. 원래 계획대로 인도로 계속 가고자 했지만 오랜 항해로 지친 선원들의 반발로 뱃머리를 돌려야만 했다. 포르투갈로 되돌아가다 희망봉을 발견하게 되었다. 아무튼 그는 이곳을 폭풍의 곶(Cape of Storm)이라 불렀다. 그때가 1488년이었다.

희망봉(Cape of Good Hope)이라는 이름은 포르투갈 국왕 주앙 2세(John Ⅱ)가

바르톨로뮤 디아즈의 모험담을 듣고 지었다고 한다. 곧 인도에 닿을 수 있겠다는 희망을 심어주기 위해서였단다. 인도에서 유럽으로 귀환하는 뱃길이 너무 멀어 희망봉을 돌면 집에 돌아갈 수 있다는 희망이 부풀어 오르기 때문이라는 말도 있다. 9년 뒤인 1497년 7월 리스본을 떠난 바스코 다 가마(Vasco da Gama)는 11월 희망봉을 지나 다음 해인 1498년 5월에 인도에 상륙했다. 희망봉을 발견한 지 꼭 10년 만에 인도로 가는 새 항로가 개척되었다.

차에서 내리자 반백 보 떨어진 곳에 세워진 이정표가 눈에 확 들어왔다. 기다란 나무판에 'CAPE OF GOOD HOPE' 글자를 크게 새겼다. 그 밑에는 'THE MOST SOUTH-WESTERN POINT OF THE AFRICAN CONTINENT'라고 작게 파놓았다. 다른 나무판에는 '18° 28′ 26″ EAST'와 '34° 21′ 25″ SOUTH'를 표시했다. 경도와 위도를 가리키는 말이었다. 동경 18도 28분 26초, 남위 34도 21분 25초라고 읽는다는 걸 어렵사리 기억해냈다.

사진으로만 대했던 희망봉이었다. 우리 가족이 아프리카의 땅끝을 밟았다는 생각에 가슴이 벅찼다. 이정표 뒤로 대륙 끝의 암석 봉우리가 보였다. 유럽과 아시아를 오가는 수많은 배가 어서 눈앞에 나타나 주길 학수고대하던 바로 그 봉우리였다. 이곳이 역사적으로 어떤 의미가 있는 곳인지 아이들한테 해줄 얘기도 열두 광주리 한가득이었다.

사람이 그리 많지 않았다. 물개섬에 갈 때 배에 탔던 인원보다 적은 것 같았다. 바람이 쌩쌩 불어 긴 옷가지를 꺼내오는 사이 관광버스가 한 대 정차하더니 중국인들이 우르르 쏟아져 내렸다. 이정표 앞에서 어찌나 떠들며 사진을 찍어대는지 같은 아시아인으로 보기가 민망했다. 매너 있게 한두 장 찍고 빠져주는 것도 아니

었다. 인내심을 갖고 우리 차례를 기다려야 했다.

이정표에서 인증 사진을 남기고 희망봉 봉우리 위로 올라갔다. 대부분 사진만 찍고 케이프 포인트(Cape Point)로 이동하는데 우리는 두 가지를 다 하기로 했다. 짙푸른 대서양이 내려다보였다. 폭풍의 곶답게 파도가 거칠게 일렁이는 듯했다. 포르투갈, 스페인 등 열강의 상선이 이 앞을 지나가는 모습을 상상해봤다. 희망을 되새기며 계속 나아가는 곳이었다. 어느 한쪽만을 위한 희망은 아니었을지 잠시 생각에 잠겼다. 잘 담아두려 열심히 셔터를 눌렀다. 맘에 들게 나온 컷이 없어 아쉬웠다.

차를 타고 케이프 포인트로 움직였다. 5분 거리였다. 꼭대기에 1860년에 지었다는 등대가 있었다. 등대에 다다르려면 푸니클라(Funicular)라 불리는 모노레일을 이용하거나 걸어서 올라가는 두 방법밖에 없었다. 푸니클라에서 내려서도 오직 두 발만 허락되는 높은 계단을 맞닥뜨려야 했다. 우리는 걷는 것을 택했다. 아이들과 놀멍 쉬멍 하며 꾸불꾸불한 오르막길을 올랐다.

등대가 서 있는 정상을 룩아웃포인트 (Lookout point)라고 불렀다. 아까 다녀왔던 희망봉과 희망봉이 자리한 케이프반도가 한눈에 들어왔다. 절경이 따로 없었다. 끝없이 펼쳐진 바다는

그야말로 망망대해였다. 감동이 벅차올랐다. 막힌 데 없이 탁 트인 하늘도 그저 신비로울 뿐이었다. 하늘빛에 하마터면 넋을 잃을 뻔했다. 하나님이 아니고서는 그 누구도 만들어낼 수 없는 색으로 채워져 있었다.

케이프 포인트의 등대는 가동을 멈춘 지 오래였다. 관광명소로만 활용되고 있었다. 등대 아래쪽에 불쑥 튀어나온 낮은 봉우리가 있어 불빛만 보고 접근하다 사고가 나는 일이 잦았다고 한다. 바다 가까이의 낮은 봉우리에 새로 세운 등대를 볼 수 있었다. 희망과 절망은 늘 붙어 다닌다고 했던가? 무수히 많은 사연이 깃들어 있을 것 같았다.

숙소에서 만난 사람들이 왜 케이프 포인트를 추천했는지 고개가 끄덕여졌다. 희망봉이 역사적 상징성과 대륙의 끝이라는 명성을 지녔다면 케이프 포인트는 아름다운 경치와 희망봉을 한눈에 조망할 수 있는 장점이 있었다. 힘든 줄 모르고 다녔다. 어떻게 시간이 흘러갔는지 모르게 하루가 후딱 지나갔다.

아프리카 펭귄과 해수욕을!

2월 22일 –

남아프리카공화국을 밟은 지 꼭 보름째 되는 날이었다. 며칠 뒤에는 아프리카의 또 다른 나라에서 짐을 풀 거라고 계획하고 있었다. 나미브 사막(Namib Sand Sea)을 보러 나미비아(Namibia)로 가려 했지만 비자 취득이 여의치 않았다. 준비해야 할 서류도 한두 개가 아니고, 비자가 나오기까지 생각보다 시간이 오래 걸렸다.

하는 수 없이 나미비아는 건너뛰기로 정리하고 바로 짐바브웨(Zimbabwe)로 떠나는 비행기를 예약했다. 케이프타운에서 2~3일을 더 머물게 되었다. 전에 허머너스에서 묵었던 방을 다시 잡았다. 우리 가족이 홀딱 반해버린 숙소였다. 내일 허머너스에 한 번 더 갈 거라고 하니 보경이, 민준이 입이 옆으로 길게 찢어졌다. 기분 좋게 하루를 시작할 수 있었다.

보캅 마을(Bo-kaap)로 출발했다. 보캅에는 'high cape'라는 뜻이 담겨 있다고 했다. 실제로 시그널 힐(Signal Hill)이라는 높은 언덕에 자리 잡고 있었다. 본래 보캅 마을은 300여 년 전 네덜란드의 동인도회사가 말레이시아, 인도네시아 등에서 끌고 온 노예들의 거주지였다. 그 후손들이 터전을 일구며 마을을 형성했다고 한다. 이슬람 사원인 모스크가 눈에 들어왔다. 무슬림 옷을 입은 사람들도 어렵지 않게 볼 수 있었다.

무엇보다 주황, 연두, 노랑 등 건물에 덧입힌 강렬한 원색에 이끌리지 않을 수 없었다. 집마다 외벽을 밝고 화사한 색으로 곱게 칠해 놓았다. 동화 속에 들어온 듯한 회화적인 풍경에 입이 다물어지지 않았다. 정말 예쁜 마을이었다 지나가는 자전거마저 샛노랬다. 구름 한 점 없는 맑은 하늘이었다. 환한 햇살을 받아 더 매력 있게 보였다.

예전에는 이렇게 알록달록한 마을이 아니었다. 오랫동안 지속되어 온 인종차별 정책이 없어지자 해방감을 표출하기 위해 원색으로 칠하기 시작했다고 한다. 화사함 뒤에는 저들이 겪은 아픈 시절이 감춰져 있었다. 안타깝게도 보캅 마을에 차량털이나 강도들이 많으니 조심하라는 당부를 들은 터였다. 후다닥 차에서 내려 사진만 찍고 다시 출발했다.

작은 어촌마을인 콕 베이(Kalk Bay)에 닿았다. 주말이라 나들이 온 가족, 수영하러 몰려온 젊은이, 우리 같은 관광객으로 북적였다. 어시장 쪽 부두에는 낚시꾼들이 낚싯대를 줄지어 늘어놓고 입질이 오기를 기다리고 있었다. 낚시광이 낚시하는 것을 봤으니 그냥 지나칠 수 없었다. 아내 말로는 나와 민준이의 눈빛이 동시에 확 달라졌다고 한다.

무슨 물고기를 잡았는지, 어떤 미끼
를 쓰는지 이리저리 묻고 다녔다. 손맛
이 그리웠다. 관광객이니까 한 번 던져
보겠냐고 권할 법도 한 것 같은데 챙겨
주는 사람이 아무도 없었다. 낚싯대만

있었으면 아마 몇 시간이고 움직이지 않고 머물렀을 것이다. 민준이는 어느 흑인
아이 옆에 착 달라붙었다. 변변찮은 장비 하나 없이 낚시줄만 가지고 고기를 잡고
있었다. 많이 답답했는지 민준이가 한국말로 이렇게 해보라고 열심히 설명했다.
키득키득 웃음이 나왔다. 옆에서 지켜보는 흑인 아이 표정이 훨씬 더 답답해 보였기
때문이었다.

볼더스 비치(Boulders Beach)로
달렸다. 작은 마을 앞에 있는 해변인데
펭귄과 해수욕을 즐길 수 있는 곳으로
유명했다. 비싼 입장료를 내고 들어갔다.
입구를 통과해 계단을 내려갔다. 모래
사장에 발을 딛는 순간 입이 쩍 벌어졌다.
펭귄이 어디 있나 찾을 필요가 없었다.
조금 과장해 온통 펭귄이었다. 한여름
해수욕장이 피서객으로 인산인해를

이루는 것처럼 해변이 펭귄으로 바글바글했다. 주변 바위에도 펭귄들이 떡하니

자리를 차지하고 있었다.

키가 40cm 정도 되는 아프리카 펭귄이었다. 물에서 나와 짧은 다리로 뒤뚱뒤뚱 걸어 올라오는 모습이 무척이나 귀여웠다. 몸무게도 어지간해서는 4kg을 넘지 않는단다. 가만 보고 있자니 눈두덩이가 예쁜 분홍색이었다. 야생동물구역이 아닌 사람들이 거주하는 주택가였다. 다른 데 다 놔두고 어떻게 여기에 모여 서식하고 있는지 신기할 따름이었다.

가까이 다가가서 손가락질하거나 만지지만 않으면 사람을 공격하지 않는다고 했다. 바위 그늘에 쉬고 있는 펭귄 옆에 앉아도 달아나려 하지 않았다. 오든 말든 상관하지 않는다는 듯이 태연하기만 했다. 거꾸로 사람 곁에 와서 얼굴을 빤히 쳐다보고 가는 펭귄도 있었다. 짝을 지어 다니는 펭귄이 많았다. 누가 봐도 다정한 커플이었다.

보경이와 민준이가 펭귄과 함께 하는 해수욕에 도전했다. 귀여운 꼬마 펭귄들이 매일 헤엄치는 바다였다. 보경이와 민준이가 놀던 자리를 펭귄 한 마리가 급히 지나갔다. 워낙 빨라 사람과 부딪힐 일은 없었다. 아쉽게도 물이 차가워 오래 놀지 못했다. 아이들이 으슬으슬 대며 물에서 나왔다. 조금 있다가 또 다른 펭귄이 사람처럼 어기적거리며 해변으로 걸어 나왔다.

멋진 볼더스 비치였다. 펭귄을 실컷 봐서 만족스러웠다, 해수욕하기에도 괜찮은 장소였다. 케이프타운 근교에도 볼거리, 놀거리가 풍성했다. 그날도 시간이 너무 금방 지나갔다. 숙소로 돌아가는데 걸음을 떼기 어려웠다.

남아공에서의 마지막 4일

2월 23일 -

한인 교회를 검색해서 찾아갔다. Goodwood
methodist church라는 현지인 교회를 빌려 쓰고
있었다. 예배당이 아담하니 예뻤다. 노래로
하나님을 높여 드린 후 귀를 쫑긋 세우고 선포
되는 말씀을 들었다. 새로 온 방문 가족이라 일어나서 인사하는 순서도 가졌다.
한국을 떠나 외국에서 다섯 번째 맞은 주일이었다.

그새 주일마다 한인 교회에서 예배드려야 하
는 이유가 생겼다. 예배가 끝난 다음 먹는 점심
은 우리 가족에게 크나큰 힐링이 되었다. 뻘건
고추장이 더할 나위 없이 반가웠다. 좋아하는
배추김치도 눈치 보지 않고 마음껏 먹을 수 있었다. 그날도 비빔밥이 나왔다. 정말
감사하는 마음으로 식사 기도를 했다. 미역이 들어간 오이냉국도 오랜만이었다.

든든히 배를 채운 후 허머너스로 향했다. 케이프타운한인교회 목사님이 우리
에게 한번 가보라고 권한 데가 있었다. 독일 선교사들이 정착해서 복음으로 일군
마을이 있다고 알려주셨다. 토착민인 코이(Khoe)족이 세대를 이어 변치 않고

믿음을 지켜오고 있다고 했다. 마을 전체가 복음화되는 모습을 초창기부터 자료로 남겨 왔다며 도서관을 콕 집어주셨다. 가는 길에 들러보기로 했다.

헌데 마을이 이상하리만치 조용했다. 예배 시간이 지났기 때문인지 교회 문이 굳게 닫혀 있었다. 인포메이션 안을 들여다봐도 아무도 없이 캄캄하기만 했다. 움직이는 차량은 우리뿐이었다. 지나가는 사람에게 물어보려 했지만 주일에는 길거리 발걸음도 뜸한 모양이었다. 아쉬웠지만 어쩔 수 없었다. 마음속으로 기도하며 다시 길을 나섰다.

마을 이름이 지나덴달(Genadendal)이었다. '자비의 계곡'이라는 뜻이었다. 알고 보니 케이프주 최초의 기독교 순교지였다. 넬슨 만델라는 대통령 취임 후 케이프타운에 있는 대통령 관저의 명칭을 마을 이름과 똑같은 지나덴달로 바꿨다고 한다. 남아프리카공화국에 대해 좀 더 공부하고 왔으면 어땠을까 생각이 들었다. 선교에 대해 계속 배워가라고 말씀하시는 듯했다.

2월 24일 -

허머너스에서 산뜻한 월요일을 맞았다. 전에 묵었던 방에서 단잠을 자고 기분좋게 일어났다. 비가 내려 마당이 아닌 집안에 조식이 준비되어 있었다. 미국인 할아버지 한 분이 우리 애들을 흐뭇하게  바라보며 말을 걸어왔다. 혼자서 세계 곳곳을 돌아다니고 있다며 본인의 여행담을 들려주셨다.

어제 카약을 타고 상어를 보는 투어에 참가했는데 굉장히 흥미진진했다고, 5월이나 6월에는 일이 있어 한국에 들어갈 예정이라고 이런저런 이야기를 늘어놓으셨다. 늘그막 한 나이인데도 여전히 건장하게 다니는 모습이 멋져 보였다. 나중에 나도 저렇게 여행하고픈 바람이 생겼다. 그때도 지금처럼 아내와 함께하고 싶어졌다.

비가 그치고 잔뜩 흐려진 날씨였지만 남아프리카공화국에서의 마지막을 허머너스에서 보낼 수 있어 행복했다. 하릴없이 거닐며 마을 이곳저곳을 두 눈에 담았다. 사랑스럽고 애정이 가는 마을이었다. 날이 서늘해 긴팔 옷을 입고 나갔다. 차가운 바닷바람도 정겨웠다. 언젠가 또 오게 된다면 고래가 나오는 시기에 맞춰 허머너스를 찾고 싶었다.

전날에 이어 넉넉하게 저녁을 차렸다. 크림스파게티와 베이컨 고추장볶음이 맛깔나게 잘 어울렸다. 소고기 대신 베이컨을 넣고 끓인 된장찌개도 구수한 맛이 우러났다. 소양을 팔길래 얼른 사 와서 삶았다. 오랜만에 포만감을 느꼈다. 그날 페이스북에 저녁 먹는 사진과 함께 어머니에게 죄송하다는 말을 남겼다.

"세계 일주하면서 아들이 살 빠지기를 기도하고 계시는 어머니! 죄송해요."

2월 25일 -

허머너스에서 푹 쉬고 다시 케이프타운으로 이동했다. 이제 남아프리카공화국 일정을 정리하는 일만 남았다. 케이프타운 동부 외곽의 작은 도시 스텔렌보쉬(Stellenbosch)에 잠깐 들렀다. 케이프타운에서 1시간 정도 떨어져 있었다. 포도밭이 넓은 대지를 가득 메웠다. 1년 내내 햇볕이 잘 드는 와인 산지로 널리 알려진 곳이었다.

남아프리카공화국의 와인은 그곳을 식민지로 만든 유럽인들에 의해 시작되었다. 와인 생산 역사가 400년에 이른다. 스텔렌보쉬라는 도시 이름도 17세기 동인도회사 총독의 이름을 따와서 지었다고 한다. 포도밭 사이사이로 와인을 제조하는 공장들이 보였다. 그중 한 곳에 와이너리 투어를 예약했다.

하얀 뿔테 안경을 쓴 흑인 가이드가 나와 우리를 안내했다. 먼저 포도밭을 둘러봤다. 포도나무 윗부분에서 자란 포도와 아랫부분에 열린 포도로 만든 와인이 각각 다른 맛을 낸다고 친절하게 설명해주었다. 제일 위에서 딴 포도로 제조한 와인이 품질이 가장 좋다고 했다. 햇볕을 많이 받았기 때문이라고 덧붙였다.

지하에 있는 어두컴컴한 발효실로 내려갔다. 덩치 큰 어른 예닐곱 명이 족히 들어가고도 남을 만한 커다란 오크통이 옆으로 줄지어 눕혀 있었다. 쿰쿰한 냄새가 코를 찔렀다. 빛이 차단된 채 서서히 숙성되면서 세상으로 나아갈 날만 기다리는 중이라고 했다. 오랜 세월 정성을 쏟은 만큼 좋은 와인을 얻는단다. 그해 재배하는 포도의 당도, 발효 온도 등 여러 조건에 따라 와인의 등급이 달라졌다. 제조 과정의 섬세함에 감탄했다.

케이프타운을 구경할 때 내내 묵었던 홀리데이 백팩커에서 마지막 밤을 보냈다. 그곳 한국인 사장님이 크고 작게 많은 도움을 주셨다. 렌트한 차를 반납하

는 방법을 알려주셨고, 공항으로
가는 차편도 단번에 해결해주셨다.
케이프타운에서 어디가 볼만한지
도 친절하게 안내해주신 덕분에
즐겁게 여행할 수 있었다. 감사함
을 전했다.

2월 26일 -

밤 10시 케이프타운 국제공항에
도착했다. 27일 아침 6시에 출발하
는 비행기였다. 일찍 나올 자신이
없어 공항에서 하룻밤 노숙하기로
했다. 공항이 삼성 광고로 온통 도
배되어 있었다. 국격을 높여주는

거 같아 뿌듯해졌다. 자정을 넘기니 공항에 남은 사람은 우리 가족밖에 없었다.
세계 일주 중 겪은 첫 공항 노숙이었다. 막상 남아프리카공화국을 떠나게 되니
아내의 마음이 무거워지는 듯했다. 당시 공항에서 든 심정을 블로그에 올렸다.

"또 다른 나라로의 이동은 아직 걱정을 앞서게 합니다. 걱정스런 일이 없어야 할
텐데요. 공항에서 노숙까지 시켜 미안한 아이들과 짐바브웨 여정도 행복하길 기도
합니다."

4

짐바브웨

Bucket List
세계 3대 폭폭 방문하기

큰 수로 잠베지 강의 석양

2월 27일 -

　요하네스버그를 경유해서 북쪽으로 날아갔다. 짐바브웨의 빅토리아 폴스 공항(Victoria Falls Airport)에 내렸다. 공항 이름부터 빅토리아 폭포였다. 빅토리아 폭포는 잠비아와 짐바브웨 국경에 걸쳐 있었다. 잠비아 쪽에서 대하는 모습도 장관이지만 정면이 아닌 측면으로만 보여 짐바브웨로 찾아오는 사람들이 훨씬 많다고 했다. 빅토리아 폭포로 향하는 관문이라고 할 수 있었다.

비행기에서 내리자 더운 공기가 훅 밀려왔다. 입고 있던 긴 옷을 바로 벗어버렸다. 남아프리카공화국보다 한참 위에 있고 내륙에 자리하고 있어 기온이 높은 듯했다. 뜨거운 열기에 숨이 턱 밑까지 차올랐다.

여기가 진정한 아프리카라고 말해주는 것 같았다. 비자 수수료를 지불해야 입국할 수 있었다. 30불을 내려는 관광객들이 긴 행렬을 이루었다. 국적을 가리지 않고 손부채질을 해댔다. 덥다는 말만 연신 나왔다.

공항을 빠져나와 예약해 놓은 택시에 탔다. 어느 나라던 우리가 방문했던 곳의 택시 운전사는 모두 훌륭한 영업사원이었다. 딸하고 아들이냐? 짐바브웨에는 뭐하러 왔냐? 며칠이나 지내고 갈 계획이냐? 이것저것 묻더니 내가 대답을 수월하게 해주자 은근슬쩍 선셋 크루즈를 한번 타보라고 권했다. 뭐가 좋은지 설명을 늘어놓는데 꽤나 능숙했다. 자기가 저렴한 데를 안다는 말도 잊지 않았다.

솔깃해졌다. 내 입에서 오케이 사인이 떨어지기 무섭게 운전대를 꺾었다. 숙소에 가기 전 여행사에 먼저 들렀다. 이른 비행기를 타고 와서 일찍 도착한 터라 오후 일정이 비어

있었다. 쇠뿔도 당긴 김에 빼라고 그날 저녁 배를 잡았다. 빅토리아 폭포가 있는 잠베지(Zambezi) 강의 상류를 천천히 돌아보는 크루즈였다.

숙소에서 조금 쉬었다가 선셋 크루즈를 타러 나갔다. 15인승 승합차가 꽉 찼다. 강변의 근사한 리조트로 우리를 데려다주었다. 노랫소리가 들렸다. 짐바브웨의 전통의상을 입은 공연팀이 그 나라 악기를 연주하며 우리를 맞아주었다. 흥겨운 음악으로 환대를 받으며 크루즈에 올랐다. 많으면 40명 정도 탈 수 있는 작은 유람선이었다.

갑판 위에 의자와 테이블이 줄 맞춰 놓여 있고 한쪽에 음료수와 샌드위치, 간단한 튀김 요리가 마련되어 있었다. 편하게 앉아 음식을 먹으면서 일몰을 즐기는 상품이었다. 큰 접시에 여러 번 가득 담아와도 뭐라 하는 사람이 없었다. 혹시 바가지를 쓴 게 아닐까 불안했던 마음이 싹 가시었다. 음식값만으로 본전을 뽑았겠구나 싶을 만큼 넉넉히 가져다 먹었다. 짐바브웨의 첫인상이 괜찮았다.

잠베지 강의 이름에는 큰 수로, 위대한 강이라는 뜻이 담겨 있었다. 빅토리아 폭포의 거대한 물줄기를 만들어내는 강이었다. 야생동물이 드문드문 보였다. 기린이 강기슭

을 서성이고, 악어와 하마는 물에 몸을 담그고 있었다. 원래는 많은 야생동물이 서식했는데 무슨 이유인지 점점 줄어들고 있다고 했다.

헌데 보름 전 크루거 국립공원에 다녀와서인지 잠베지 강에서 만난 동물들이 크게 반갑지 않았다. 유럽에서 온 어느 아주머니는 동행한 친구들에게 저건 악어가 아니라 인형이라며 시시하다는 표정을 지었다. 조금 있다가 악어가 느릿느릿 기어가자 로봇이라고 정정해서 옆에 있던 우리까지 키득키득 웃음이 나왔다.

해가 뉘엿뉘엿 지며 어둠이 내려 앉기 시작했다. 먹구름에 태양이 가려졌지만 해질녘 노을의 아름다움을 앗아가지는 못했다. 지평선이 붉게 물든 모습을 바라보며 선착장으로 돌아갔다. 승선할 때 봤던 공연팀이 이번에는 불쇼로 우리를 맞았다. 작대기 양쪽에 불을 붙여 휘휘 돌리더니 분위기가 무르익자 입에서 불을 내뿜어 탄성을 이끌어냈다. 볼만했다.

짐바브웨에서도 숙소를 백팩커로 잡았다. 백팩커는 여러 사람이 침실을 공유하는 일종의 게스트하우스다. 호텔에 비해 저렴해 배낭여행객들이 주로 찾는다. 음식을 간단히 조리해 먹을 수 있는 주방이 대부분 마련되어 있다. 우리가 묵었던 데는 빅토리아 폭포 인근에서 제일 유명한 백팩커였다. 야외식당과 정원이 넓었다. 모닥불 피우는 공간이 따로 있고, 텐트를 칠 수 있는 자리도 넉넉했다.

리셉션 구석에는 큰 당구대가 놓여 있었다. 민준이가 관심을 보이자 직원 한 명이 와서 포켓볼을 가르쳐주기 시작했다. 왜소증 장애인이었다. 자기랑 키가 똑같다며 민준이를 귀여워해 주었다. 서툴러서 답답했을 텐데도 잘한다고 계속 칭찬해주었다. 민준이가 그만둘 때까지 옆에 붙어서 시범을 보이며 공이 지나가는 길을 알려주었다.

그곳 백팩커가 유명한 또 다른 이유가 있었다. 밤 10시가 되자 밖에서 웅성웅성 떠드는 소리가 들렸다. 자정까지 매일 파티를 열었다. 주말에는 더 늦게 마친다고 했다. 음악을 어찌나 크게 트는지 시끄러워서 잠을 잘 수 없었다. 뒤쪽 건물에 있는 방이었는데도 심하게 울렸다. 싸이의 강남스타일이 수도 없이 반복 재생되었다. 뿌듯함과 짜증이 엇갈렸다. 웃어야 할지, 울어야 할지….

노트북을 켜고 내려받아 놓은 한국 드라마를 시청했다. 별에서 온 그대. 보경이의 눈이 초롱초롱해졌다. 보는 재미가 쏠쏠했다. 지쳐서 잠이 들었다. 밖에서 난리를 쳐도 네 식구 모두 곤히 잘 수 있었다. 다른 사람들은 노느라 정신없고, 우리는 자느라 정신없었다. 무사히 짐바브웨로 건너오고, 짐바브웨에서의 첫날을 잘 보내서 감사했다.

모시 오아 툰야, 빅토리아 폭포

2월 28일 –

몹시 기다리고 고대하던 날이었다. 나만의 버킷리스트를 작성하며 지내왔다. 세계 일주를 떠나면 어디를 가보고 무엇을 하고 싶은지 쭉 적어놓았다. 그중 하나가 세계 3대 폭포를 방문하는 거였다. 아프리카의 빅토리아 폭포와 아메리카의 나이아가라 폭포, 이구아수 폭포 세 군데를 모두 가볼 계획이었다.

우선 동네 마실부터 나갔다. 아침인데도 한낮처럼 더웠다. 그늘 밑에서 병뚜껑으로 체스를 두는 현지인들이 보였다. 관광객들이 많이 가는 대형마트에 들렀다. 생각했던 것보다 물건들이 비싸 그냥 돌아서 나왔다. 길 건너 안쪽에 현지인들이 주로 드나드는 것 같은 또 다른 마트가 있었다. 모두 흑인이라 조금 꺼려졌지만 크게 티 내지 않고 성큼성큼 들어가 봤다. 사람들이 훨씬 많고 가격도 저렴했다.

마트 바깥에서 수제 햄버거를 팔고 있었다. 한 개에 1달러씩이었다. 두툼한 패티를 그릴에 구워서 폭신한 빵 사이에 끼웠다. 채소와 소스도 듬뿍 넣었다. 아침을 먹고 나왔는데도 햄버거를 보자 금세 시장기가 돌았다. 햇빛을 피하라고 커다란 천막을 설치해 놓았다. 간이 테이블과 의자도 안에 마련되어 있었다.

두런두런 앉아서 쉬기도 하고 먹기도 하는 곳이었다. 테이블 하나가 비어 있어 우리 가족도 자리를 잡고 앉았다. 평소와 다르게 동양인들이 와 있는 게 낯설었는지 다들 우리를 힐끔힐끔 쳐다봤다. 우리만 얼굴이 하얬다. 우리도 곁눈질해 가며 햄버거를 흡입했다. 그들도 우리를 찬찬히 뜯어보고, 우리도 그들을 열심히 구경했다. 똑같은 사람인데 서로 신기해했다.

햄버거를 맛있게 해치운 후 빅토리아 폭로로 향했다. 걸어가면 닿는 거리였다. 전통 공예품을 파는 상점들이 나오는 걸 보니 폭포에 가까워진 모양이었다. 물이 떨어지는 소리도 점점 커졌다. 매표소 앞에 짐바브웨와 잠비아 두 나라 국기를 나란히 세워두었다. 그러고 보니 나이아가라 폭포와 이구아수 폭포도 두 나라에 걸쳐 있었다. 입장료가 내국인과 외국인에게 다르게 책정되어 있었다. 어른과 어린이가 내는 요금도 달랐다.

한쪽에 빅토리아 폭포를 하늘에서 내려다본 모습을 큰 그림으로 그려두었다. 좌우 길이가 1.7km에 달하는 강물이 한꺼번에 쏟아져 내렸다. 세계에서 가장 긴 폭포였다. 낙차도 100m를 훌쩍 넘었다. 사진으로만 봐도 웅장하고 거대하다는 걸 확연히 알 수 있었다. 여섯 군데가 명소로 꼽혔다. 다섯 군데는 짐바브웨에 속했고 나머지 한 군데는 잠비아에 있었다.

입구를 통과했다. 데이비드 리빙스턴(David Livingstone)의 동상이 세워져 있었다. 영국의 선교사이자 아프리카 탐험가였던 리빙스턴은 1855년 놀랍도록 큰 폭포를 발견한 뒤 영국 여왕의 이름을 따서 빅토리아 폭포라고 불렀다고 한다.

왜 이곳 원주민들은 남이 지어준 이름을 계속 사용할까 하는 생각에 갸웃했다. 분명 그들 소유이고 본래 쓰던 이름이 없는 것도 아니었다. 우리나라 같으면 어림도 없었을 거라 여기며 걸음을 재촉했다.

절벽 위로 길이 나 있었다. 건너편 절벽이 빅토리아 폭포였다. 두 절벽이 협곡을 이루었다. 이쪽 절벽에서 폭포까지 거리가 불과 50~60m밖에 되지 않는 데도 있다고 했다. 악마의

폭포(Devil's Cataract)가 보였다. 수량에 압도당하고 말았다. 댐 수문을 활짝 열어놓은 듯했다. 폭포에 빨려 들어갈 것 같은 느낌이 들었다. 2월에서 5월은 강물이 불어나는 시기였다. 우리가 서 있는 곳까지 물보라가 심하게 일었다.

메인 폭포(Main Falls)는 더 어마어마했다. 멀리서 봐도 위용이 대단했다. 엄청난 양의 물이 쏟아져 내리는 소리와 낭떠러지 아래 강물에 부딪히는 소리가 웅장하기 그지없었다.

호스슈 폭포(Horseshoe Falls)부터는 우비를 안 입을 수 없었다. 폭포가 말발굽 모양으로 움푹 들어가 있었다. 폭포 물이 일으킨 물보라가 엉겨 붙어 소나기처럼

내렸다. 수중카메라로 인증샷을 찍었다. 우비를 챙겨 입고서도 홀딱 젖을 만큼 사정없이 떨어졌다.

레인보우 폭포(Rainbow Falls)는 앞이 안 보일 정도로 물방울이 가득했다. 가까이 다가가는 게 겁나고 무서워 자꾸만 보폭이 줄어들었다. 물보라에 비친 무지개를 항상 볼 수 있어서 레인보우 폭포였는데 그건 너무 얌전하고 순화된 표현이었다. 옛날 원주민들이 빅토리아 폭포를 모시-오아-툰야(Mosi-Oa-Tunya) 라고 부른 이유를 알 거 같았다.

천둥소리 나는 연기라는 뜻이었다. 얼굴을 가린 폭포가 천지를 울리는 굉음과 물방울로 만든 뿌연 연기로 사람들을 맞이하기 때문이었다. 얼른 사진만 찍고 도망치듯 물러나야 했다. 바닥도 적잖이 미끄러웠다. 그래서일까? 짐바브웨 빅토리아 폭포의 끝 지점 이름이 데인저 포인트(Danger Point)였다. 레인보우 폭포의 가장자리였다.

짐바브웨와 잠비아를 연결하는 다리 밑으로 일곱 빛 무지개가 그어졌다. 물보라 가 만든 무지개가 다시 강물을 예쁘게 물들이고 있었다. 나이아가라 폭포나 이구아수 폭포와 달리 빅토리아 폭포는 전망대 하나 없이 난간만 간단히 설치해 놓았다. 폭포 근처에서 매점, 장사치 한 명 볼 수 없었다. 있는 그대로 자연을 즐기라는 배려인 듯했다.

하늘에서 내려다보지 않는 이상 빅토리아 폭포를 한눈에 담는 건 불가능했다. 그럼에도 빅토리아 폭포의 웅장한 모습을 감출 수 없었다. 자못 장엄하기까지 했다. 침대에 누워서도 빅토리아 폭포에서의 감흥이 가시지 않고 계속 이어졌다. 대단하다는 말밖에 나오지 않았다. 샤워 부스에 들어갔다 나온 듯 빅토리아 폭포

를 온몸으로 생생하게 느낄 수 있어서 좋았다. 우기에 오길 잘했다는 생각이 들

었다.

　간 큰 가족의 우당탕탕 세계여행

두 발로 걸어서 국경을 넘다

3월 1일 -

전날 빅토리아 폭포에서 바라봤던 다리를 건너 잠비아로 넘어가기로 했다. 직접 두 발로 걸어서 국경을 넘어가는 색다른 경험을 해볼 참이었다. 든든히 먹어 둘 겸 부지런히 아침 식사를 준비했다. 어느 미국인 가족이 주방에 먼저 와 있었 다. 백팩커에서 우리 말고 다른 가족을 본 게 처음이어서 순간 놀랐다.

외국인은 대부분 토스터에 빵을 구워 커피를 곁들이는 것으로 조식을 해결하 는데 그 가족은 아침부터 밀가루 반죽을 치대고 있었다. 핫케이크를 만드는 중 이었다. 우리도 주방을 쓸 수 있는 곳이면 늘 간단하게나마 조리해서 식탁을 차렸다. 역시 가족이 함께 있으니 대충 먹지 않고 한 끼 한 끼 잘 챙기게 되었다.

짐을 내리고 택시를 불렀다. 체크아웃 을 하고 있는데 아침 먹을 때 봤던 가족이 우리에게 다가왔다. 차를 렌트해서 아프 리카를 여행하는 중인데 이제 남아프리카 공화국으로 내려가는 길이라고 했다.

우리와 정반대였다. 우리에게 말을 걸었던 건 같은 가족 여행객이기 때문만은 아니 었다. 다른 이유가 있었다.

아빠, 엄마와 오빠는 백인인데 막내딸만 피부색이 달랐다. 우리가 한국인인 거 같아 딸에게 잠깐이라도 한국 사람을 만나게 해주고 싶었단다. 한국에서 입양해온 아이였다. 열두세 살 정도 되어 보이는 앳된 얼굴이었다. 입양하기 전에 한국이라는 나라에 대해 잘 알고 있었을까? 거기서 버려진 아기를 데려와 10년 넘게 친딸처럼 품고 사랑해주면서 키우고 있었다.

첫 돌에 미국으로 건너갔다고 치면 대략 2000년 무렵이었다. 부끄러움이 밀려왔다. 여전히 입양수출국 1위에서 벗어나지 못하고 있는 씁쓸한 현실을 뜻하지 않게 마주 대한 것 같았다. 엄청난 부자여서 입양한 건 아닌 듯했다. 자기들이 타고 다니는 차를 보여주겠다며 우리를 안내했다. 짐칸이 널찍한 픽업트럭이었다.

짐이 산더미처럼 실려 있었다. 냄비, 프라이팬, 국자 등 자잘한 것까지 전부 챙겼다. 개밥그릇으로나 사용할 법한 찌그러진 그릇도 살뜰히 가지고 다녔다. 검소함이 덕지덕지 붙어 있었다. 부부가 둘 다 푸근한 인상이었다. 긍휼을 베풀고, 사랑을 실천하는 삶은 거창한 게 아니라는 걸 몸소 가르쳐주는 것 같았다.

백인우월주의를 쉽게 접하며 사는 그들이었다. 유색인종을 비하하는 환경에서 동양인을 가족으로 받아들인 건 정말 대단한 거였다. 오빠와 딸의 사이도 좋아 보였다. 모든 사람을 자신과 동등하게 여기는 착한 마음씨를 지닌 가족이었다. 오히려 세계를 여행하는 우리 가족이 어메이징 하다며 엄지를 치켜들어주었다.

대화가 무르익기도 전에 택시가 도착했다. 조금이라도 일찍 만났더라면 더 많은 얘기를 나눌 수 있었을 텐데 서로 갈 길이 바빴다. 미국의 그랜드캐년에도 가볼 계획이라고 했더니 자기네 집이 가깝다며 연락처를 적어주었다. 같이 사진을 찍는 것으로 아쉬움을 달랬다. 왠지 든든한 마음이 들었다. 그날 블로그를 보니 아내도 그 가족을 편안하게 여겼던 것 같다.

"어찌어찌해서 입양 보내졌지만 좋은 부모님을 만났습니다. 함께 여행하는 좋은 가족이 생긴 그 아이가 참 다행이다 생각이 들었습니다."

먼저 짐바브웨 출입국사무소에 들러 여권에 스탬프를 찍었다. 네 가족이 각자 큼직한 배낭을 둘러메고, 묵직한 캐리어도 하나씩 잡아끌었다. 다리 쪽으로 움직였다. 나와 보경이가 앞서고 아내와 민준이가 뒤따라왔다. 열네 살 보경이는 혼자 몸을 가눌 수 있었지만 열 살 꼬맹이인 민준이는 아직 어렸다. 힘들어하는 민준이를 어르고 달래면서, 중간에 멈춰 서서 사진도 찍어가면서 열심히 걸었다.

다리에 다다르니 오른쪽 저만치로 빅토리아 폭포의 하얀 물줄기가 보였다. 다른 사람들도 빅토리아 폭포를 구경하러 와 있었다. 우리처럼 출국 목적이 아니더라도 통행료를 지불하면 다리 가운데까지 갈 수 있었다. 번지점프대도 설치해 놓았다. 양발을 묶고 뛰어내리면 폭포 아래로 온몸이 빨려 들어가는 듯한 체험을 하게 될 것 같았다.

다리 중간에 'WE ARE NOW ENTERING ZAMBIA'라고 적힌 푯말이 서 있었다. 시골 작은 마을을 가리키는 이정표처럼 단출했다. 국경이라고 특별한 것은 없었다. 마음대로 사진을 찍어도 막거나 제지하지 않았다. 잠깐 쉬면서 빅토리아 폭포를 다시금 감상했다. 어제 우리가 마지막으로 방문했던 포인트에서 관광객들이 다리 쪽을 바라보고 있었다.

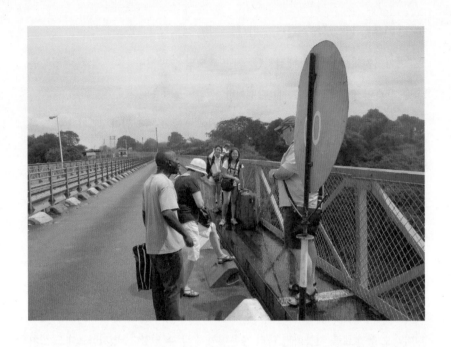

5

잠비아

택시비 아끼려다 밑장빼기 사기까지…

다리를 마저 건넜다. 얼떨떨해하면서 국경을 넘었다. 두 발로 걸어서 왔다는 생각에 뿌듯함이 일었다. 또 한참을 걸어 잠비아 출입국사무소에 도착했다. 전부 30분 정도면 충분하리라 생각했는데 1시간이 넘게 걸렸다. 아이들과 무거운 짐을 끌고 오기엔 힘든 거리였다. 날도 무척 더웠다. 지친 상태에서 입국 심사를 마쳤다.

사실 마음 한편에 택시비를 절약하고픈 바람을 숨겨 놓았었다. 몇 푼 더 안 쓰겠다고 이게 뭔 고생인가 싶었다. 여행을 떠난 지 얼마 되지 않았던 때여서 아끼고 아껴야 한다는 생각이 많았다. 10개월의 여정이 남아 있었다. 어쩜 뜻하지 않게 큰일을 맞거나 예상치 못한 변수가 생길지도 몰랐다. 마다가스카르에서 말라가시들에게 언성을 높이며 팽팽한 신경전을 벌인 것도 실은 같은 이유였다.

힘에 부쳐 더 걸을 엄두가 나지 않았다. 마땅한 교통편도 없어 택시를 잡아타고 숙소로 움직였다. 잠비아에서 유명하다는 졸리보이 백팩커에 짐을 풀었다. 남은 하루는 숙소에서 쉬기로 했다. 너무 신경을 많이 썼는지 몸이 좋지 않았다. 한번 아플 때마다 심하게 앓곤 해서 걱정스러웠다. 기대하지 않았는데 와이파이가 팡팡 터져서 반색했다. 오랜만에 우리나라 뉴스를 부담 없이 넘겨볼 수 있었다.

백팩커에서 우리나라 사람을 4명이나 만났다. 이집트에서 출발해 밑으로 내려오면서 서로 한 번씩 본 사이라고 했다. 반년, 1년씩 긴 시간을 들여 혼자 세계를 도는 배낭 여행객들이었다. 그중에는 승려복을 입은 스님도 끼어 있었다. 원제 스님이라고 했다. 둘러앉아 두런두런 이야기를 나누며 다른 나라 정보를 주고받 았다. 현지인과 결혼한 한국 분이 백팩커에 들렀다가 합석했다. 백팩커가 자리한 리빙스턴(Livingstone)에 거주하는 그곳 시민이었다.

저녁으로 구수한 된장찌개와 향긋한 카레 라이스를 같이 만들어 먹었다. 늘 현지 음식만 먹고 다니는 그들이었다. 우리가 챙겨간 음식 재료를 보더니 반가운 나머지 다들 환호성을 내질렀다. 날이 어둑어둑해지면서 몸이 더 안 좋아졌다. 저녁 을 먹는 둥 마는 둥 하다 다시 방으로 가서 쓰러지듯 누워 버렸다. 나 자신도 모르 게 스트레스를 받았던 모양이었다. 같이 고생하고도 끄떡없는 보경이와 민준이 가 대단해 보였다.

3월 2일 -

다음 날 점심 무렵에 겨우 일어났다. 루사카(Lusaka) 로 떠나는 버스표를 예매해 놓아야 했다. 가족들이 다 따라나섰다. 백팩커 밖에서

현지인과 결혼한 한국 분을 다시 만났다. 자기 집 에도 와 봐야 하지 않겠느냐고 해서 바로 응했 다. 가까운 데서 숙소와 레스토랑을 운영하고 있었다. 현지인들이 주로 이용하는 곳이었다.

레스토랑 지붕이 원두막처럼 짚으로 촘촘히 덮여 있었다. 짚을 이고 있는 서까래도 나무를 잘라 이었다. 나무 기둥 두 개가 레스토랑 한가운데서 서까래를 받치고 서 있는 게 인상적이었다. 껍질을 벗겨내거나 따로 가공하지 않은 본래 나무줄기 그대로였다. 예쁜 부부처럼 레스토랑도 아기자기하니 보기 좋았다. 각자 여행하다 만나 서로 호감을 지닌 상태에서 헤어졌더랬다. 시간이 지나 다른 곳을 여행하던 중 운명적으로 다시 마주쳐 결국 결혼에 이르렀다고 했다.

루사카로 가는 첫차 시간이 오전 5시 30분이었다. 요금이 잠비아 돈으로 한 사람당 115콰차(kwacha)였다. 버스표를 끊고 돌아오다 그만 실수를 저지르고 말았다. 그동안 거쳐온 나라마다 하나같이 비자 수수료가 비쌌다. 전부 달러 결제라 미화를 좀 더 지니고 있어야겠다고 생각하던 참이었다. 콰차를 높게 쳐주겠다는 말에 솔깃해졌다. 길거리 환전상은 대부분 속임수를 쓴다는 걸 알면서도 돈을 넘겨주었다.

일단 조금만 건넸다. 정말 환전소보다 훨씬 좋은 조건으로 바꿔줬다. 한 번 더 환전하겠다고 하고 처음보다 약간 많게 쥐여주었다. 재차 콰차를 받더니 말이 달라졌다. 아까처럼은 못 주겠다며 환율을 낮춰 불렀다. 속았구나 싶어 건넸던 돈을 얼른 되돌려받았다. 백팩커로 걸음을 옮기는데 영 찜찜했다. 혹시나 해서 장수를 세어봤다.

분명 그 사람이 한 손에 돈을 쥔 다음 움직인 적이 없었다. 그런데도 400콰차가 모자랐다. 말로만 들었던 밑장빼기였다. 내 손에 턱 내려놓으면서 아래쪽에 있던 지폐를 순식간에 빼간 거였다. 가장으로 면목이 없었다. 우리 가족이 루사카로 갈 수 있는 금액이었다. 아빠가 애도 아니고 도대체 왜 그러냐고 아이들한테까지 꾸지람을 들어야 했다.

잠비아에 도착한 첫날부터 몸살을 앓더니 눈앞에서 사기까지 당하고 말았다. 원래 그날 루사카로 떠날 계획이었는데 몸이 아파 어쩔 수 없이 다음 날로 미룬 거였다. 숙소도 하룻밤만 예약하고 왔던 터라 방을 다시 잡아야 했다. 4인실이 없어 다른 사람과 함께 자는 도미토리로 옮겼다. 내 코골이가 워낙 심해 민폐였다. 민준이가 잠든 다음 마당으로 나왔다. 커다란 안락의자에 몸을 누였다. 마음도 잠자리도 편치 않았다.

이 호객꾼들 정말 지긋지긋하다

3월 3일 -

모두가 잠든 새벽 조용히 짐을 챙겨 나왔다. 현지인과 결혼한 한국 분이 어두 컴컴한 숙소 앞에서 우리를 기다리고 있었다. 새벽에 시내버스를 타고 터미널로 가는 건 위험하다며 택시를 잡아주었다. 루사카에 도착해 예약해 놓은 숙소로 가는 약도까지 그려 가지고 왔다. 낯선 외국 땅에서 받은 세심한 배려에 언짢았던 기분이 누그러졌다.

새벽 5시 30분 잠비아의 수도 루사카로 출발했다. 7시간 정도 소요되는 거리였다. 노트북 같은 고가품은 들고 탔지만 다른 짐은 전부 버스 아래 짐칸에 넣었다. 정류장마다 정차하는 완행버스였다. 사람들이 자기 보따리를 빼면서 우리 짐까지 가져가지 않는지 살펴보라는 얘기를 들었다. 어떤 여행객은 커다란 배낭을 열 몇 시간 동안 무릎에 올려놓고 가기도 한단다. 자다 깨다 반복하며 루사카로 달렸다. 다행히 우리 물건을 들고 가는 사람은 없었다.

루사카에서도 삼성과 LG의 대형 광고판을 볼 수 있었다. 두 기업이 진출해 있지 않은 곳을 세어보는 게 더 빠를듯했다. 지구촌 곳곳에서 우리나라 제품을 사용한다는 걸 다시금 실감했다. 자랑스러움은 잠시였다. 버스에서 내리는데 호객꾼들이 우리 가족에게 우르르 몰려들었다. 30명은 족히 넘었다. 세상의 호객꾼은 루사카에 다 와 있는 듯했다.

외국 사람은 우리 가족뿐이었다. 벌떼처럼 달려들더니 떨어질 줄 몰랐다. 허리를 굽혀 짐을 꺼내고 있는데도 서로 몸싸움하며 우리에게 얼굴을 들이밀었다. 택시를 잡아주겠다, 좋은 숙소를 안다, 버스표를 끊어주겠다 등등 수십 명이 한꺼번에 말을 쏟아내는 통에 정신이 하나도 없었다. 쉴 새 없이 떠들어댔다. 그 와중에 민준이는 화장실이 급하다고 졸랐다.

우리나라처럼 매표소가 한곳에 마련되어 있지 않고 버스회사마다 다른 데서 개별 창구를 따로 운영했다. 같은 곳을 가더라도 요금이 저마다 달랐다. 호객꾼들을 통하면 본래 가격에 얼마를 얹어줘야 버스표를 내어주었다. 카피리음포시(Kapiri Mposhi)로 가는 버스로 갈아타야 했다. 거기서 타자라(Tazara) 열차를 타고 탄자니아(Tanzania)로 넘어갈 계획이었다.

아내가 민준이를 데리고 화장실에 간 사이에 짐을 보경이에게 맡기고 버스표를 구하러 나섰다. 설마 호객꾼들이 애한테까지 들러붙겠나 싶었다. 몇 군데 알아보고 다시 왔는데 보경이가 겁에 질린 얼굴로 눈물을 뚝뚝 흘리고 있었다. 시커먼 흑인들이 보경이를 둘러싸고 마구 손가락질을 해댔다. 왜 자기한테 부탁하지 않느냐며 윽박지르기까지 했다.

두 팔로 헤집고 들어가 보경이를 꼭 끌어안았다. 혹시라도 우리 짐을 가져갈까 봐 캐리어 손잡이를 양손에 2개씩 꽉 쥐고 있었다. 어떻게 이런 난리를 피우는지 해도 해도 너무한다는 생각이 들었다. 어린 보경이가 혼자 시달렸을 걸 생각하니 가슴이 미어졌다. 잠비아에서 연일 안 좋은 일만 벌어지는 것 같았다. 호객꾼들을 쳐다보는 것도 지긋지긋했다. 1초라도 빨리 잠비아를 떠나고픈 마음뿐이었다.

내키지 않았지만 호객꾼의 도움을 받기로 하고 한 명을 골랐다. 그제야 그 많던 사람들이 하나둘씩 떨어져 나가기 시작했다. 여기서 카피리음포시로 가는 교통편은 없다고, 그런데 자기를 통하면 가능하다는 호객꾼의 말에 어처구니가 없어 피식 웃고 말았다. 가격을 흥정해서 버스표를 끊었다. 그다음 타자라 열차표를 구할 차례였다.

타자라 하우스(Tazara House)가 어디 있느냐고 물었더니 우리를 택시 타는 곳으로 안내했다. 꾸역꾸역 짐을 싣고 출발했다. 2분도 채 달리지 않았는데 차가 멈춰 섰다. 터미널 바로 옆 건물이 타자라 하우스였다. 아프리카 흑인들이 점점 싫어지고 있었는데 루사카에서 절정에 달했다. 기본요금을 내면서 쓴맛을 다셨 다. 어이없게 뜯긴 거 같아 기분이 영 별로였다.

타자라 하우스 문이 굳게 닫혀 있었다. 오후 1시쯤이었는데 점심시간이 2시까지 란다. 2시가 훨씬 넘어 겨우 문이 열렸다. 기차표를 구입하고 숙소를 찾아갔다. 주인 양반이 뻣뻣하고 불친절했다. 주방도 그저 그랬다. 저녁은 밖에 나가서 사 먹고 들어왔다. 한참 떨어진 곳에 대형쇼핑몰이 있었다. 사진 한 장 남기지 않은 유일한 숙소였다.

"잠비아 사람들을 사랑해주면 안 되겠니?"

3월 4일 -

아침 일찍 버스터미널로 향했다. 택시기사가 버스표를 보고 승차장 안으로 들어 와 주었다. 호객꾼들은 피했다고 여겼는데 오산이었다. 역시나 내리자마자 수십 명 이 달려들었다. 어떤 사람은 술에 취해 비틀거리면서 민준이를 자꾸 흘겨봤다. 버스 타는 데는 여기가 아니라 저기라고 계속 엉뚱한 곳을 가리키는 사람도 있었다. 최악이라는 말이 절로 나왔다. 정신을 바짝 차려야 했다. 잠비아는 탄자니아로 가기 위해 거쳐 가는 곳이었다. 정말 진절머리가 났다.

짐을 싣고 버스에 올랐다. 헉하고 벌어진 입이 다물어지지 않았다. 좌석이

가로 한 줄에 5개나 되었다. 이런 버스를 본 적이 없었다. 좁디좁은 복도를 가운데 두고 왼쪽에 3개, 오른쪽에 2개씩 놓여 있었다. 재빨리 세어봤다. 전부 76석이었다. 어린아이들은 공짜인지 죄다 엄마 무릎을 차지하고 앉

았다. 제일 뒷자리는 8명이 끼어 앉아 있었다. 좌석이 다 차자 복도에 간이의자를 놓더니 사람들을 더 태워 앉혔다. 바글바글했다. 1백 명 가까이 탄 것 같았다.

우리 가족 4명이 뿔뿔이 흩어져 앉았다. 나는 3개 좌석 있는 곳의 가운데 자리였다. 창가에 가죽점퍼를 입은 거구가 자리를 잡고 있었다. 130kg은 되어 보였다. 미식축구 선수라고 해도 믿을 만큼 우람하고 장대했다. 복도 쪽 좌석에는 어마어마하게 푸짐한 아줌마가 앉았다. 어디 가서 덩치로 밀려본 적이 없는 내가 왜소하다고 느껴진 건 그때가 처음이었다.

두 사람이 한자리 반씩 차지하고 있는 바람에 내가 앉을 자리가 보이지 않았다. 억지로 비집고 들어가 엉덩이를 쑤셔 넣었다. 양옆이 꽉 끼어 어깨가 잔뜩 웅크려졌다. 다리를 펼 생각은 아예 하지 못했다. 자연스레 공손한 자세가 되었다. 겨드랑이와 가랑이 사이에 땀이 흥건히 고이는데도 전혀 움직일 수 없었다. 욕이 목구멍까지 치밀어오르는 걸 겨우 참았다. 눈을 감고 천천히 심호흡을 해봐도 불평불만이 사그라지지 않았다.

차가 막 출발하나 싶었는데 잠시 멈춰 사람 한 명을 또 태웠다. 그것도 마음에 들지 않아 외면하려던 참이었다. 그 사람이 앞에 서서 뭐라 뭐라 말하더니 큰 소리로 기도하기 시작했다. 버스가 안전하고 무사하게 목적지에 닿기를 간구하는 거 같았다. 그런 다음 거침없이 노래를 한 곡조 부르는데 귀에 익숙한 찬송가 가락이었다.

열정을 담은 설교가 이어졌다. "아멘!"으로 화답하는 사람들도 있었다. 마지막으로 헌금을 걷는데 뜻밖으로 승객 대부분이 동참했다. 목사님인지 전도사님인지 정확히 모르지만 사역자인 건 분명했다. 30분 동안 담대하게 예배를 인도하고 나더니 뒤도 안 돌아보고 버스에서 내렸다. 우리나라로 치면 고속도로에 막 들어서려고 하는 지점이었다.

'이게 뭐지?'하고 속으로 곱씹을 수밖에 없었다. 드러내놓고 하나님에 대해 말했다. 복음을 전하는 것도 전혀 부끄러워하지 않았다. 우리나라 같으면 십자가라는 말만 꺼내도 쫓겨날 게 뻔했다. 그런데 말리는 사람 한 명 없었다. 인상 찌푸리기는 커녕 다들 열심히 귀담아듣는 분위기였다. 투덜대던 마음이 어느새 가라앉아 있었다.

옆에 앉은 뚱뚱한 아줌마가 잡지를 펼쳐 들고 있길래 곁눈질로 훔쳐봤다. 볼펜을 쥐고 십자말풀이의 빈칸을 채우고 있었다. 대문자 A로 시작하는 일곱 글자의 문제가 이삭의 아버지였고, 정답이 아브라함이었다. 아브라함의 마지막 철자로 볼펜 끝을 옮겨갔다. M이 첫 글자인 세로 다섯 칸에 들어갈 말은 모리아였다. 아들 이삭을 바쳤던 산이 힌트였다. 혼란스러웠다.

"형윤아! 나는 이 사람들을 무지무지 사랑하는데 너는 왜 이들을 멸시하고 하찮게 여기는 거니?"

순간 잠비아 사람들을 사랑해주면 안 되겠냐는 강한 메시지가 마음 깊은 곳에서 울렸다. 와락 눈물이 쏟아졌다. 너무 창피해서 고개를 들 수 없었다. 그렇게 버스 안에서 엉엉 울면서 나만의 부흥회를 시작했다. 이곳 사람들을 향해 못되게 마음먹고, 쓴 마음을 품었던 것을 고백하지 않을 수 없었다. 내가 아는 최고의 언어를 끄집어내 잠비아를 위해 중보했다. 억누르려고 해도 눈물이 멈춰지지 않았다.

버스가 4시간을 달리고 휴게소에서 멈췄다. 언제 흘러갔는지도 모르게 시간이 훌쩍 지나 있었다. 처음에 30분 동안 예배드린 다음 3시간 반을 오롯이 기도하고 찬양하며 보냈다. 그토록 못마땅해하던 현지인들 틈바구니에 꼼짝없이 갇혀 있었다. 도망갈 곳도 없이 다닥다닥 붙어 있어야 하는 기가 막힌 상황에서 당신의 마음을 부어주셨다. 이제껏 경험해 보지 못한 은혜였다.

간신히 다리를 펴고 일어났다. 버스에서 내리는데 아내가 나의 달라진 표정을 보고 놀라움을 감추지 못했다. 30분 동안 쉬어간다고 했다. 버스에서 내게 무슨 일이 있었는지 가족들에게 나눴다. 하나님이 잠비아를 많이 사랑하신다는 말도 전했다. 아내도, 보경이와 민준이도 한 나라를 떠날 때면 그 나라를 좋아하는 마음이 생겼더랬다.

버스가 다시 출발했다. 옆자리 아줌마가 치킨을 사 들고 탔다. 튀김 조각을 한 입씩 베어 물면 될 텐데 굳이 살을 쫙쫙 뜯어서 먹었다. 손에 묻은 기름은 아무렇지도 않게 앞자리 의자 덮개에 쓱쓱 닦았다. 그것도 모자라 손가락을 쪽쪽 빨아가며 치킨을 입으로 가져갔다. 내 윗입술이 못마땅하게 올라갔다. 침 묻힌 손이 내 옷이나 얼굴에 금방이라도 닿을 것 같았다.

비좁은 자리는 여전히 괴로웠다. 부흥회의 감흥도 온데간데없이 사라져버리고 없었다. 헌데 현지인들과 함께 있는 게 더는 부담으로 여겨지지 않았다. 홀가분해진 마음에 평안함이 얹어진 걸 느낄 수 있었다. 안 좋은 기억만 남을 줄 알았는데 잠비아에서도 감사를 얻게 되었다. 아내가 은혜받은 뒤에 일어난 변화를 블로그에 남겼다.

"카피리음포시에 도착했습니다. 이번에는 호객꾼들이 무섭지 않고 두렵지 않았습니다. 남편이 버스에서 내리면서 맘에 드는 한 사람을 지목했습니다. 그랬더니 그 사람이 다른 호객꾼들을 다 물리쳐주고 우리를 택시기사에게 안전히 안내합니다. 이제야 아프리카 호객꾼들을 대하는 노하우가 생겼습니다."

타자라 열차에서 부른 찬양

기차 안에서 2박 3일간 먹고 마실 음식과 물을 먼저 샀다. 악명 높은 타자라 열차였다. 하루만 지나도 수돗물이 안 나와 씻지 못하고 종착역까지 가는 날이 허다하단다. 음식 재료도 금방 동이 나버려서 식당칸에서 아예 주문을 받지 않는 경우도 흔하다고 했다. 기차에 문제가 생기면 종착역인 다르에스살람(Dar es Salaam)까지 가지 않고 중간에 승객들을 다 내리게 한다는 얘기도 들었다. 아무 고장 없이 무사히 운행하길 기도하는 수밖에 없었다.

12인승 승합차 크기의 택시를 타고 뉴카피리음포시로(New Kapiri Mposhi)로 이동했다. 작은 도시이지만 타자라 열차가 출발하는 교통의 요지였다. 많은

현지인이 기차역 안에서 다음 열차를 기다
리고 있었다. 장사할 물건을 떼어가는지
그들도 짐이 만만치 않았다. 몇몇 아주머니
는 열심히 뜨개질하면서 자투리 시간을
보냈다. 어린 자녀들이 옆에 꼭 붙어
있었다. 예전 우리나라 어머니들의
모습을 대하는 것 같아 반가웠다.

　오후 4시 기차에 올랐다. 타자라
열차는 잠비아와 탄자니아를 잇는
기차로 이쪽 끝에서 저쪽 끝까지
달리는 거리가 1,860km에 달했다. 일주일에 두 번씩 운행했다. 화요일은 급행,
금요일은 완행열차가 움직였다. 우리가 출발한 날은 화요일이었다. 완행으로

가면 다르에스살람까지 3박 4일이나 걸린다고 했다.

침대칸인 1등석을 예약했다. 양쪽 벽에 침대가 매달려 있었다. 아래위로 하나씩 전부 4대였다. 세련된 것과 거리가 한참 멀었지만 그래도 타자라 열차에서 제공하는 최고의  좌석이었다. 2등석에는 한 칸에 침대 6대가 들어갔다. 3층에 있는 침대가 꽤 높아 보였다. 3명씩 벽에 기대고 앉아 서로 마주 보고 가는 자리가 3등석이었다. 2박 3일 동안 눕지도 못하고 앉아서 간다고 생각하니 고개가 절로 저어졌다. 4등석도 있다고 하는데 보지 못했다.

중국에서 사용하던 기차를 가져와서 운행하는 것 같았다. 오래된 쇠 냄새가 가득 배어 있는 것도 그렇고 칠이 여기저기 보기 흉하게 벗겨진 게 낡은 티가 팍팍 났다. 세면실에 들어가 봤다가 구역질이 나오는 걸 참았다. 바닥은 물론 천장까지 시커먼 때가 덕지덕지 묻어 있었다. 얼른 뒷걸음쳐서 나왔다. 그 뒤로 다시는 가지 않았다.

"루사카에서 사람들 때문에 힘들었는데.... 그래도 저들을 사랑하는 마음을 주셔서 감사합니다. 2박 3일 동안 은혜롭고 감동되는 기차 여행이 되도록, 즐거운 시간을 보낼 수 있게 해주세요."

1등석 자리에 앉자마자 네 가족이 같이 손을 잡고 기도했다. 타자라 열차에서 고생했다는 말만 전해 들어서 살짝 긴장했다. 그래도 밀린 공부는 시켜야 할 거 같아서 아이들에게 문제집을 꺼내라고 했다. 지금 너희 친구들은 개학해서 학교

다니고 있다는 잔소리도 곁들였다. 갑자기 공부 얘기가 나오자 아이들 얼굴이 어두워졌다.

조금 있다 열차 승무원 한 명이 우리에게 다가오더니 혹시 크리스천이냐고 조심스레 물어왔다. 가차표를 확인하러 왔다가 우리 가족이 기도하는 모습을 유심히 지켜본 모양이었다. 그렇다고 고개를 끄덕이자 자기도 믿는 사람이며 반가운 표정을 지었다. 은혜를 나누려고 했는지 그 자리에서 찬양을 부르기 시작했다. 우리도 익히 아는 곡이었다. 목소리가 정말 고왔다. 얼떨결에 따라 불렀다.

하나님이 예비해두신 만남이었을까? 승무원은 영어로 우리는 한국어로 함께 찬양하는 시간을 잠시 갖게 되었다. 여성 승무원이었다. 우리 가족과 급속도로 가까워졌다. 궁금한 게 있어 물어보면 그때마다 자세하게 설명해주었다. 식사 때가 되면 자기에게 주문해도 된다고, 식당칸에서 가져다주겠다며 우리를 챙겼다. 덕분에 큰 어려움 없이 편안하게 2박 3일을 지낼 수 있었다.

승무원들이 머무는 객실에서 여러 사람이 같이 기도하고 찬양하는 소리가 간간이 새어 나왔다. 다른 승무원들도 교회에 다니는 것 같았다. 시곗바늘이 오후 8시를 넘어서자 차창 밖으로 칠흑 같은 어둠이 내려앉았다. 덜컹거리는 침대에 누워 그날 하루를 되돌아보았다. 몹쓸 사람들이라 여겼는데 나와 같은 신앙인이었다. 우리나라에서 수많은 예배당이 보인다고 해서 모두가 경건한 삶을 사는 건 아니었다.

지난 1월 독일 프랑크푸르트에 도착해 며칠 숨을 고른 다음 본격적으로 세계 일주에 나섰다. 독일에서 아프리카로 떠나온 지 꼭 40일째 되는 날이었다. 한국에서 세계 일주를 준비하던 막바지에 아버지학교를 수료했다. 아버지가 변화되어야 가정이 변화된다는 귀한 메시지를 얻었다. 뜻하지 않게 잠비아 현지인들 틈에서 예배드린 데 이어 함께 찬양까지 했던 하루였다. 되새길수록 은혜로 다가왔다. 아버지인 내게 먼저 들려주신 걸까? 당신의 시선으로 세상을 바라보라고, 사랑으로 한번 품어보라고 나직이 말씀하시는 듯했다.

5달러인데 5유로 내주고 끝냈어

3월 5일 -

차창 밖으로 아침 해가 환하게 떠올랐다. 아침으로 뭘 먹을까 고민하다가 코펠과 버너를 꺼냈다. 객실에 우리 네 가족만 있어서 눈치 보지 않고 라면을 끓일 수 있었다. 기찻길과 나란한 언덕 위로 작은 마을이 펼쳐졌다. 벽돌집이 하나 같이 양철지붕으로 덮여 있었다. 한낮에 저 안에 있으면 얼마나 뜨거울까 상상하며 쳐다봤다. 그새 물이 팔팔 끓었다. 지평선까지 뻗은 녹색 벌판도 멋있었다. 호로록 소리와 차창 밖 풍경이 기분 좋게 어우러졌다.

기차가 정차할 때마다 꼬마 애들이 창가 쪽으로 우르르 몰려들었다. 다른 데는 가지 않고 1등석이 있는 차량을 주로 에워쌌다. 종일 철로 변을 기웃거리며 기차를 기다리는 아이들이었다. 양동이 크기의 플라스틱 통에 물을 가득 담아와서 필요한 물건이랑 맞바꾸려 했다. 구걸하며 다니는 아이도 있었다. 비누를 달라, 사탕을 달라며 차창으로 손을 뻗어 올렸다.

몇몇 아주머니는 삶은 달걀, 망고, 바나나 같은 걸 바구니에 담아와서 흥정할 손님을 찾았다. 기차가 멈춰 서 있는 동안 분주히 움직였다. 기차가 지나갈 때마다 사람들이 일손을 멈추고  손을 흔들어주었다. 아이들은 달리는 기차를 따라 뜀박질을 했다. 어김이 없었다. 어쩜 기차를 뒤쫓는 게 저들에게 유일한 소일거리일지도 모르겠다는 생각이 들었다.

또 한참을 달렸다. 오후 3시경 나콘데(Nakonde) 역에 닿았다. 탄자니아 국경과 가까웠다. 제법 큰 역이어서 그런지 플랫폼이 사람들로 붐볐다. 한쪽에 간이시장이 열려 있었다. 찐 옥수수, 닭 다리 튀김 등을 내다 놓고 팔았다. 얼른 내려서 군것질거리를 조금 사 왔다. 잊지 못할 잠비아 땅을 한 번 더 밟아보고 싶었다.

"Hey Miss Kim, come here!"

친해진 승무원은 일이 한가해지면 우리 객실로 찾아왔다. 보경이를 미스 킴이라고 불렀다. 우리 아이들이 승무원 객실로 쪼르르 따라갔다. 신나게 찬양하는 소리가 들렸다. 승무원이 우리 객실로 들어오기도 했다. 같이 박수하며 찬양하는 모습이 참 보기 좋았다. 지루하고 지쳐 있던 아이들의 얼굴이 해맑게 바뀌었다. 한참을 노래 부르다가 나갔다. 30분 넘게 지나 있었다. 시간이 너무 짧게 느껴졌다.

오후 6시 무렵 잠비아와 탄자니아 출입국사무소 직원들이 우리 객실 문을 번갈아 두드렸다. 먼저 잠비아 쪽에서 여권에 출국 스탬프를 찍어주며 굿바이 인사를 건네왔다. 이제 탄자니아 입국 절차를 밟을 차례 였다. 비자 수수료를 내야 하는데 가지고 있던 달러가 넉넉지 않았다. 한 사람당 50달러였다. 캐리어에 들어 있던 바지 주머니까지 뒤져 겨우 200달러를 맞춰서 냈다.

5달러 지폐 한 장이 너무 낡았다며 빳빳한 것으로 바꿔서 내달라고 요구해 왔다. 이게 가진 거 전부라고, 더 가지고 있는 게 없다고 하자 그러면 5유로로 대신 지불하란다. 달러보다 유로가 비싸다고 아무리 설명해도 먹혀들지 않았다. 환율에 대한 개념이 없는지 아니면 남겨 먹을 속셈인지 허허실실 웃으면서 5유로만 고집했다.

눈물을 머금고 5유로 지폐를 내주었다. 그래봤자 2천 원 정도 더 내는 건데 그게 너무 아까웠다. 다른 때 같았으면 도둑놈들이라고 속으로 욕했을 게 분명했다. 헌데 마음이 별로 어렵지 않았다. 찬양의 힘이었을까? 여행 다니다 보면 겪게 될 수 있는 일이거니 여기고 있었다. 입국 스탬프가 찍히는 걸 보고 기분 좋게 보내 주었다.

탄자니아

Bucket List
온 가족 킬리만자로 등정

네덜란드 청년들은 도대체 어디로?

얼마 지나지 않아 열차가 속도를 줄이면서
탄자니아의 음베야(Mbeya) 역에 멈춰 섰다.
해발 1,607m의 고원지대였다. 이곳에서 한
동안 정차한다는 안내 방송이 흘러나왔다.
열차에 물을 채워 넣고 다시 출발할 거란다.
탄자니아에서도 많은 사람이 1등석 차량으로

몰려들었다. 초등학교 5~6학년쯤 되어 보이는 남자아이 6명이 옆 철로 위에 무리
지어 앉아 있었다.

한쪽에 땅콩을 담은 소쿠리가 보였다. 잠비아에서는 구걸하는 어린아이가 오면
달리 줄 것도 없고 해서 남는 옷을 한 장씩 던져주었었다. 탄자니아 남자아이들
은 아주 어리지도 않고, 땅콩을 팔러 나온 거여서 물건을 그냥 쥐여주기가 애매했
다. 민준이 티셔츠를 들어 보이며 땅콩이랑 물물교환하자고 말을 걸어 보았다.

돈을 받고 바꾸고 싶었던지 계속 고개를 가로저었다. 식수 한 통을 통째로 가
져가라고 꼬셔도 넘어올 기미가 보이지 않았다. 커다란 통에 한가득 담겨 있었는
데도 우리를 쳐다보기만 할 뿐 묵묵부답이었다. 오기 비슷한 게 생겼다. 어떻게
해서든 저 아이들의 마음을 움직이게 하고 싶었다. 떠오르는 게 있었다.

한 아이를 불러서 사진을 찍고 바로 인화해서 건네주었다. 그제야 아이들 얼굴에 미소가 번지더니 오케이 사인을 보냈다. 두 손으로 땅콩을 퍼 가져왔다. 우리도 두 손으로 받았다. 내친김에 물도 한 통 그냥 가져가라고 했다. 사실 물을 너무 많이 사놓아서 어떻게 처리할지 고민 중이었다. 서로 손을 흔들며 짧은 인사를 주고받았다. 탄자니아에서의 첫 만남이었다. 땅콩 맛은 별로였지만 친밀감이 나눌 수 있어서 좋았다.

3월 6일 -

잠비아와 달리 탄자니아에서는 우거진 숲을 지나치는 때가 많았다. 탄자니아 남동부를 달리는 타자라 열차에는 사파리 열차라는 별명이 붙어 있었다. 셀루스 동물보호구역(Selous Game Reserve)을 관통하기 때문이었다. 검은코뿔소, 기린, 코끼리 등 야생동물을 기차 안에서 볼 수 있다는데 아쉽게도 우리 가족 눈에는 들어오지 않았다.

오후 8시 드디어 종착지인 다르에스살람 역에 멈췄다. 뉴카피리음포시 역에서 출발해 꼭 52시간 만이었다. 악명 높다는 얘기를 많이 들어서 내심 걱정했는데 2박 3일이 생각했던 것만큼 고약하지 않다. 지저분하고 열악하긴 했어도 그런대로 버틸 만했다. 지쳐가고 있었는데 도시의 불빛이 희미하게 보여 반가웠다. 열차에 문제 생기는 일 없이 제시간에 닿아서 감사했다.

다르에스살람에서 우리가 아는 숙소는 YWCA밖에 없었다. 무사히 도착했다는 기쁨도 잠시 모르는 길을 잘 찾아가야 한다는 부담감이 밀려왔다. 승무원한테 물어도 YWCA는 처음 듣는다며 어깨를 으쓱했다. 예약해 놓지 않고 와서 마음이 급

했다. 타자라 열차를 탈 때 안면 텄던 네덜란드 청년들은 우리와 다른 숙소로 간다고 답해주었다. 혹시 같은 데면 좀 기대볼까 했는데…. 어쩔 수 없었다.

열차 문밖에는 이미 호객꾼들이 떼로 몰려와 승객들이 내리기만을 기다리고 있었다. 짐을 가득 들고 뒤뚱거리며 내렸다. 어디로 나가야 하나 두리번거리고 있는데 네덜란드 청년들이 와서 아내의 어깨를 툭툭 쳤다. 둘 다 여성이었다. 자기들도 YWCA에서 묵기로 정했다면서 같이 움직이는 게 어떻겠느냐고 물어왔다. 택시 두 대를 이용하면 값을 깎아주기로 이미 호객꾼과 얘기가 되었다고 했다.

마다할 이유가 없었다. 네덜란드 청년들이 앞장서 가고 우리 가족이 뒤따랐다. 여럿이 뭉쳐 다니는 게 훨씬 안전했다. 다행이다 싶었다. 함께 기차역을 빠져나왔다. 두 청년 다 키가 크고 체격도 좋아서 든든한 마음마저 들었다. 역 앞인데도 불 켜진 데가 별로 없어 어둑어둑했다. 택시가 덩치 큰 승합차일 줄 알았는데 5명이 타는 일반 승용차였다. 일단 한 대씩 나눠서 타기로 했다.

차가 작아서 트렁크에 그 많은 짐을 다 실을 수 없었다. 뒷자리에 아내와 아이들을 태운 다음 무릎 위에 가방을 하나씩 올려놓게 했다. 나도 등에 짊어지고 있던 배낭을 안고 조수석에 앉았다. 꾸역꾸역 짐을 집어넣을 때 보경이를 저쪽 택시에 태울까 하는 생각이 잠깐 들었다. 보경이가 쉬운 영어로 대화를 나눌 수 있어 괜찮겠거니 싶었다.

그냥 말자 하고 자동차 문을 닫았다. 목적지는 같았지만 사실 남이나 마찬가지인 사이였다. 나나 아내가 같이 간다면 모를까 보경이 혼자 보내는 건 아닌 듯했다. 다시 짐을 뺐다가 도로 싣는 것도 번거로
웠다. 차들이 뒤엉켜 기차역을 빠져나오는
데도 적잖은 시간이 걸렸다. 여기저기서 경적
이 울리고, 기분 나쁘게 고함치는 소리가
계속 들렸다.

네덜란드 청년들이 탄 택시와 앞서거니 뒤서거니 하며 숙소로 향했다. 옆을 지나
칠 때마다 서로 손을 흔들며 반가워했다. 두 손을 입가에 모으고 조금 있다 숙소
에서 만자고 차창 너머로 건네기도 했다. 얼마쯤 갔을까? 빨간불로 바뀌어 신호등
앞에서 멈췄다. 택시 뒤쪽에서 말소리, 발걸음 소리가 나는 듯했다. 택시기사가
바로 잠금 버튼을 눌렀다. 아내는 약간 이상한 느낌이 들었다고 했다.

부슬부슬 비가 내리는 다르에스살람 시내를 달려 YWCA에 도착했다. 먼저
리셉션으로 뛰어들어가 방이 있는지 확인하고 더블룸 2개를 잡았다. 호텔 직원은
우리보다 먼저 온 여성 2명은 없다고 알려주었다. 10분, 20분이 지났는데도 오지
않았다. 걱정스러웠다. 혹시 택시에서 안 좋은 일을 당한 것은 아닌지 불안하고
조마조마했다. 40분을 더 기다리다 잠을 청하러 올라갔다. 다음 날 일찍 일어나
모시(Moshi)로 출발해야 했다.

맙소사! 다르에스살람이 택시강도의 천국?

3월 7일 -

새벽 알람 소리에 눈을 떴다. 두 청년이 먼저 떠올랐다. 리셉션에 다시 가봤다. 지난밤 네덜란드에서 온 사람은 묵지 않았다는 말만 돌아왔다. 다른 데로 잘 갔을 거라 되뇌었지만 왠지 마음이 놓이지 않았다. 로비로 짐을 내려놓은 다음 조금 걸어 나가서 택시를 잡아 왔다. 시간이 일러 호텔 앞에 정차해 있는 택시가 없었다.

우선 현금자동입출금기가 있는 곳으로 가달라고 했다. 한군데서 하루에 출금할 수 있는 액수가 한정되어 있어서 여러 군데를 돌아다녀야 했다. 탄자니아 화폐인 실링(Shilling)으로 돈을 찾았다. 한번 인출할 때마다 우리나라 돈으로 40만 원 정도를 뺐는데 1만 원짜리 1백 장을 쌓아 올린 것처럼 두툼했다.

전부 네 군데를 다녔다. 얇은 트레이닝 바지를 입고 있었다. 돈뭉치를 쑤셔 넣다 보니 바지 주머니가 점점 뚱뚱해졌다. 급하게 뛰거나 쪼그려 앉으면 금세 빠져나올 정도였다. 그렇게 넓적다리 양쪽이 볼록 튀어나온 채로 돈을 뽑으러 갔다가 택시에 오르기를 되풀이했다. 택시기사가 친절하게 현금자동입출금기 바로 앞까지 차를 대주었다.

실링을 두둑이 찾은 다음 우봉고버스터미널(Ubungo Bus Terminal Bridge)로 향했다. 택시기사와 이런저런 얘기를 나누면서 다르에스살람 거리를 달렸다.

알고 보니 그 택시기사도 크리스천이었다. 같은 믿음을 지닌 이들을 만날 때마다 그렇게 반가울 수 없었다. 우리 가족도 크리스천이라고 하자 택시기사도 눈이 동그래지며 얼굴에 큰 웃음을 머금었다.

순식간에 신뢰가 쌓였다. 택시기사가 다르에스살람이 굉장히 위험한 데라고, 택시를 함부로 타면 안 된다고 나직이 전해주었다. 얼마 지나지 않아 우봉고버스 터미널에 도착했다. 공사장인지 터미널인지 분간되지 않았다. 허허벌판 진흙탕에 부스가 하나씩 세워져 있는 게 다였다. 이른 아침부터 어찌나 사람이 많은지 차 안에서 쳐다보는 것만으로도 어안이 벙벙했다.

다르에스살람에서는 택시 탈 때 조심하라는 말은 한 쪽 귀로 흘려보낸 지 오래였다. 어디로 가서 어떻게 알아봐야 하는지 도무지 판단이 서지 않았다. 택시기사에게 버스표를 끊는 곳까지 안내해 달라고 부탁했다. 흔쾌히 오케이를 해주었다. 아내와 민준이를 차 안에서 기다리게 하고 보경이와 둘이 택시기사를 따라나섰다.

택시기사 덕분에 헤매지 않고 곧장 매표소로 가서 쉽게 버스표를 구할 수 있었다. 돌아갈 때는 짐꾼 두 명을 데리고 갔다. 온통 진흙탕이어서 캐리어를 끌 수 없었다. 더러운 물이 고인 구덩이도 군데군데 파여 있었다. 마침 승객들의 짐을 옮겨주면서 일당을 버는 사람들이 있었다. 버스에 우리 짐을 다 실을 때까지 택시기사가 옆에 있어 주었다. 팁을 더 얹어주었다. 믿는 사람이라 그런지 마음 씀씀이가 남달라 보였다.

9시간 뒤 모시에 안전하게 도착했다. 모시는 탄자니아의 북동부에 자리한 도시로 킬리만자로를 오르기 위해 반드시 거쳐야 하는 곳이었다. 잠비아에서 몸살을 앓은 뒤로 잇몸이 부어 고생하고 있었다. 버스터미널에서 우리를 픽업해달라고 여행사에 미리 부탁해놓았다. 모시에서는 호객꾼의 도움을 빌리지 않고 편하게 움직이고 싶었다.

제이 어드벤처(Jay Adventure)라는 여행사였다. 한국인이 현지인들을 고용해 운영하고 있었다. 대표 이름이 제이였다. 직원 한 명이 마중 나와 있었다. 먼저 여행사 사무실에 들러 킬리만자로 등정과 세렝게티 투어에 대해 얘기를 나누었다. 제이가 다르에스살람이 택시 강도들의 천국인데 별일 없었느냐고 물어왔다.

다르에스살람에서는 절대 아무 택시나 타면 안 된다고, 퍼블릭 택시나 잘 아는 기사가 모는 택시를 이용해야 한다고 했다. 목적지로 가는 척하면서 패거리가 있는 자기들 소굴로 데리고 가는 일이 비일비재하단다. 그런 다르에스살람에서 겁도 없이 현금자동입출금기가 있는 데로 가자고 했다. 돈뭉치를 바지 주머니에 찔러 넣는 모습도 계속 보여주었다.

택시기사가 착한 사람이었기에 망정이지 안 그랬으면 끔찍한 일을 당했을지도 몰랐다. 네덜란드 청년들이 자꾸 마음에 밟혔다. 전날 밤 보경이를 다른 택시로 보냈으면 어떻게 되었을까? 떠올리기만 해도 아찔했다. 짧게 스쳐 간 생각으로 그친 게 다행이었다. 다르에스살람이 아랍어로 '평화로운 안식처'라는 뜻이란 다. 강도들의 안식처가 된 것 같아 씁쓸했다. 우리 가족을 지켜주셨음을 다시금 감사드렸다.

여행사에서 가까운 버팔로호텔에 체크인 했다. 호텔 앞에 괜찮은 인도 식당이 있다고 해서 마실 겸 저녁을 먹으러 나갔다. 새벽부터 먼 길을 와서 인지 잇몸 통증이 더 심해졌다. 모레 킬리만자로

등정에 나설 계획이었다. 점심도 거른 상태였다. 조금이라도 먹어둬야 할 것 같아서 억지로 몇 숟가락을 떴다. 밤새 통증이 가라앉길 간절히 바랐다.

만다라 산장까지 폴리 폴리!

3월 8일 -

호텔 방 창문으로 킬리만자로가 반갑게 얼굴을 내밀었다. 만년설이 정상을 하얗게 뒤덮었다. 구름 걷힌 하늘이라 산세가 또렷하게 보였다. 전문 산악 기술이 없는 일반인이 오를 수 있는 가장 높은 산이 킬리만자로였다. 내 버킷리스트의 상위권에 킬리만자로 등정을 적어놓았다. 정상에서 네 가족이 기념사진을 찍는 모습을 상상해봤다. 벌써 마음이 두근거렸다.

여행사 사무실로 걸음을 재촉했다. 제이를 만나 킬리만자로 등정과 세렝게티 투어 계약서를 작성했다. 비용이 상당했다. 킬리만자로 입산료만 한 사람에 70만 원이었다. 내 발로 직접 걸어서 올라간다는데도 비싼 값을 지불해야 한단다. 3박 4일 일정이었다. 네 사람의 숙박비와 음식값, 가이드 인건비까지 더하니 6백만 원이 넘어서 입이 쩍 벌어졌다.

제이가 운영하는 게스트하우스로 움직였다. 마랑구(Marangu)가 킬리만자로의 입구였다. 마랑구와 가까운 곳에 게스트하우스가 있었다. 아기자기하고 예쁜 숙소였다. 주변이 온통 바나나밭이었다. 바나나 나무가 우거진 숲 가운데에 들어왔다고 해도 틀린 말이 아니었다. 바나나 나무에는 꽃이 딱 한 송이만 핀단다. 꽃이 진 다음 열리는 바나나 한 다발을 수확하는 것이라고 했다.

주인아주머니가 우리를 위해 점심을 준비하고 있었다. 메뉴는 현지식 바나나 요리였다. 바나나와 각종 야채, 고기를 넣어 스튜처럼 끓였다. 바나나를 요리해서 먹을 때는 노란 바나나가 아닌 초록 바나나를 사용한단다. 후덕한 인상에 요리 솜씨마저 일품이었다. 껍질을 벗긴 바나나가 통째로 들어가 있었다. 꽤 먹을 만하니 맛있었다.

저녁에는 한식이 차려져 나왔  다. 감탄을 연발하며 닭백숙을 입으로 가져갔다. 김치와 장아찌 도 맛깔스러웠다. 제이가 게스트 하우스로 찾아와 같이 식사했다. 넉살 좋게 나를 형님이라고 불렀다. 그러더니 요즘이 비수기라 직원들이 굶어 죽게 생겼다며 앓는 소리를 해댔다. 그 사람들을 먹여 살려야 한다는 말이 애처롭기 까지 했다.

킬리만자로에 오를 때 옆에서 같이 등반하는 가이드, 산장까지 짐을 짊어다 주는 포터, 요리를 맡는 쿡 이렇게 3명이 따라붙는다. 식사 준비는 1명이 해도 되어 서 보통은 한 사람에 2명 정도 붙인다고 들었다. 힘든 시기라 직원들을 좀 더 보내 겠단다. 그러면서 외국에서 구하기 어려운 신라면을 손에 쥐여주었다. 그러라고 했다. 타국에서 고생하는 한국 사람을 도와주는 셈 쳤다.

3월 9일 -

헌데 무려 16명이나 보냈다. 굳이 한 사람에 4명씩 붙였다. 침낭 1개에 4박 5일 동안 지낼 옷가지만 챙겨서 와서 짐이 별로 없었다. 포터 둘이서 없는 짐을 나눠서 들었다. 속된 말로 이참에 뽕을 뽑겠노라고 마음먹은 모양이었다. 쿡도 한 사람 에 1명씩 배정했다. 어이가 없었다. 라면에 넘어간 나 자신을 탓할 수밖에 없었다.

혹시 우리가 쓰러지면 너희가 업고서라도 정상까지 올라가야 한다고 으름장을 놓았다. 대신 우리가 정상을 찍으면 팁을 섭섭지 않게 주겠다고, 너희들이 이제까지 받아보지 못한 액수일 거라고 달랬다. 무엇보다 안전이 우선이었다. 내가 가장이니 무슨 일이든 내 허락을 받으라고 단단히 일러두었다.

킬리만자로의 입구인 마랑구 게이트(Marangu Gate)에서 본인 서명을 하고 입산료를 지불했다. 해발 1,970m 되는 지점에서 킬리만자로 등정의 첫발을 내디뎠다. 마랑구 루트의 첫 번째 목적지는 만다라 산장(Mandara Hut)이었다. 입구에 세워진 표지판에는 3시간가량 소요된다고 적혀 있었다. 해발 2,700m 높이였다.

처음 시작은 동네 뒷산을 오래 오르는 듯한 느낌이었다. 울창한 활엽수 아래에 완만한 경사가 길게 뻗어 있었다. 가이드는 뒤에서 따라오며 쉴새 없이 "폴리 폴리(Pole Pole)"를 내뱉었다. 탄자니아의 토착어인 스와힐리어로 "천천히"라는 뜻이었다. 마치 노래를 부르는 듯했다. 가장 어린 민준이의 걸음에 맞춰 느릿느릿 걸었다.

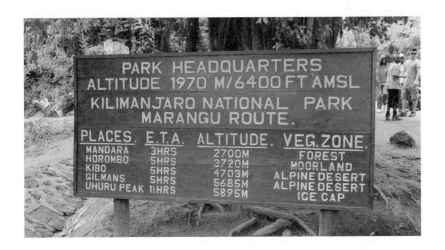

점심시간이 되자 포터가 도시락을 건네주었다.
갈색 종이상자에 치킨 한 조각, 바나나 한 개,
빵과 음료수가 하나씩 들어 있었다. 우리는
벤치를 이용하고, 가이드와 포터는 땅바닥에
엉덩이를 붙이고 앉았다. 그들이 먹는 게 변변치 않았다. 대부분 20대 초반이었다.
안타까운 마음이 들었다. 바나나 한 개로 끼니를 때울 정도로 형편이 어려운 듯
했다.

다시 출발한 지 얼마 안 되어 민준
이가 구토 증세를 보이기 시작했다.
이때만 해도 점심을 급하게 먹어 체한
줄로만 알았다. 힘들지만 계속 오를
수밖에 없었다. 천천히 옮기던 걸음
이 더 느려졌다. 가이드의 "폴리 폴리"
도 더욱 잦아졌다. 오후 3시쯤 만다라
산장에 도착했다. 3시간 정도 예상하고 올랐는데 4시간이 걸렸다.

반팔 옷을 입고 출발했는데 만다라 산장에 다다르니 으슬으슬 추워졌다. 포터가
뜨거운 물을 받아서 숙소 방문 앞에 놓아주고 갔다. 그 물로 손과 얼굴을 씻으며
몸을 녹였다. 저녁으로 따뜻한 스프와 크루통이 나왔다. 샐러드와 고기도 접시에
담겨 있었다. 민준이가 지쳤는지 뜨는 둥 마는 둥 했다. 저녁이니 많이 먹어둬야
한다고 어르고 달래며 겨우겨우 먹였다.

일찍 잠자리에 누웠다. 어서 쉬어줘야 기운을 차릴 수 있을 것 같았다. 바람과

달리 민준이가 시름시름 앓다가 토하기를 반복했다. 나 역시 잇몸이 퉁퉁 부어올라 잠을 청할 수 없었다. 치간칫솔로 잇몸을 벅벅 긁어댔다. 피를 뱉어내면 조금이나마 염증이 가라앉았다. 아내도 민준이를 챙기느라 밤새 한숨도 못 잤다고 했다. 킬리만자로의 첫날이 만만치 않았다. 보경이만 세상모르고 잠들었다.

민준이를 돌보던 아내는 그날 킬리만자로의 밤하늘에 흠뻑 매료되었다. 은가루를 뿌려놓은 듯 하얀 별들이 촘촘히 박혀 있는 모습이 그렇게 아름다울 수 없었다. 하염없이 바라보다 두 눈 감고 기도하고 다시 올려다보기를 수도 없이 되풀이했다. 제이는 킬리만자로 등정에 성공한 어린이는 이제껏 보지 못했다고 했다. 아픈 민준이를 바라보며 아내는 또 한 번 기도할 수밖에 없었다.

'하나님. 내일도 안전하게 킬리만자로를 등반할 수 있게 우리 가족을 지켜주세요.'

고산병의 그림자가 드리워지다

3월 10일 –

마랑구 루트의 둘째 날이 밝았다. 수프와 과일로 배를 채우고 힘을 내 출발했다. 다행히 민준이가 전날보다 괜찮아진 것 같았다. 첫걸음부터 가이드의 "폴리 폴리"가 귓전을 울렸다. 마운디 분화구(Maundi crater)에 먼저 들렀다. 본래 전날 저녁 식사 전에 가는 일정이었는데 우리 가족은 아침으로 미뤘다. 지나가면서 잠깐 보기로 했다.

15분 정도 걸어가니 땅이 움푹 들어간 분지가 나왔다. 농구장 예닐곱 개 크기의 작은 분화구였다. 용암이 뿜어져 나왔던 흔적은 모두 지워지고 들풀로 가득 메워져 있었다. 바람이 지나갈 때마다 파도가 밀려오듯 들풀이 부드럽게 출렁였다. 멀리 우리가 올라갈 키보(Kibo)봉이 또렷하게 보였다. 킬리만자로 정상의 세 봉우리 중 하나였다.

다른 둘은 시라(Shira)봉과 마웬지(Mawenzi)봉이었다. 가운데 있는 키보봉이 제일 높은 봉우리였다. 가이드는 구름 한 점 걸치지 않은 킬리만자로를 볼 수 있는 날이 매우 드물다고 했다. 그러면서 "Lucky Day!"라며 우리에게 엄지손가락을 치켜들었다. 아프리카 최고봉인 킬리만자로는 스와힐리어로 '번쩍이는 산'이라 뜻이다. 만년설로 덮여 있어 백산이라고 불리기도 한단다. 저 위에 섰을 때 어떤 기분이 들지 기대되었다.

그날 목적지는 호롬보 산장(Horombo Hut)이었다. 3,720m 높이였다. 만다라 산장이 2,700m에 자리하고 있으니 대략 1km를 올라가는 일정이었다. 해발 3,000m를 넘어가자 고산병 증세가 나타나기 시작했다. 숨이 가빠지면서 머리가 지끈거렸다. 아내와 민준이는 손으로 입을 틀어막다가 허리를 굽혀 토하기를 되풀이했다.

점심을 먹으러 앉았는데 힘에 부쳤는지 민준이의 입술이 바짝 말라 있었다. 애처로웠다. 도시락 뚜껑을 열지도 않는데 오슬오슬 오한이 느껴졌다. 방금까지 땀이 나서 벗어놓았던

웃옷을 다시 입어야 했다. 고도가 높아지면서 나무 잎사귀가 뾰족해졌다. 위로 쭉쭉 뻗은 나무는 어디론가 사라지고 허리춤에도 안 오는 키 작은 나무들만 우리를 맞아주었다.

아내와 민준이가 번갈아 가며 화장실을 찾았다. 나무 뒤에 숨어 쪼그리고 앉았지만 다 가려지지 않았다. 설사가 계속 나왔더랬다. 의례 겪는 일인 양 가이드들이 등을 지고 기다려주었다. 너무 힘겨운 나머지 겨우 몇 발짝 떼었다가 멈춰 서기를 반복했다. 아내의 블로그에 당시의 고통스러운 장면이 적혀 있다.

"내가 내 몸을 어떻게 할 수가 없습니다. 몇 걸음만 가면 힘들고, 속이 메스꺼워 구토하고, 갑자기 화장실이 급해지고.... 장난이 아닙니다. 엄마가 이러면 안 되는데.... 머리도 아프고 힘듭니다."

보경이를 호롬보 산장에 데려다 놓고 올라왔던 길을 도로 내려갔다. 아내와 민준이가 한참 뒤처져 있었다. 막바지엔 제대로 걷지도 못하고 거의 기다시피 하며 산장에 들어섰다. 둘은 고산병과 씨름하느라 저녁도 못 먹고 방에 꼼짝없이 누워 있을 수밖에 없었다. 아내와 민준이가 쌔근쌔근 잠든 모습을 확인한 다음 한숨 돌릴 겸 밖으로 나왔다.

산 중턱에서 하늘 저편으로 펼쳐져 있는 구름을 보고 입을 다물지 못했다. 구름이 머리 위가 아닌 발밑에 있었다. 잇몸 통증을 잊을 정도로 운무 자욱한 경치에 취해버리고 말았다. 하늘 끝까지 뻗은 구름이 산 아래를 모조리 가렸다. 운평선 이었다. 텐트를 치고 그 안에서 잠을 청하는 사람들이 적지 않았다. 킬리만자로 에서의 야영이 멋지게 보였다. 나랑 보경이가 아프지 않고 괜찮아서 그나마 다행 이었다.

키보 산장에는 나와 보경이만

3월 11일 -

호롬보 산장의 아침 공기가 상쾌
했다. 아내와 민준이는 전날 저녁까지
거르면서 쉬더니 밤새 한결 나아진
모습이었다. 키보 산장(Kibo Hut)
으로 부지런히 걸어 올라가야 했다.

해발 4,720m 높이였다. 한낮에 닿아서 밤까지 쉬었다가 캄캄한 새벽에 킬리만자로
정상을 밟고 내려오는 일정이었다. 제일 중요한 날이었다.

아이들 걸음 속도에 맞추는 게 어려워 내가 먼저 출발했다. 보경이에게 엄마
대신 민준이를 잘 살펴보라고 일렀다. 점심 식사하는 장소에서 만나기로 했다.
내가 올라가고 나서 아내와 아이들이 천천히 발을 뗐다. 얼마 못 가 아내가 털썩
주저앉고 말았다. 갑자기 아무것도 안 보이면서 다리 힘이 스르륵 풀려버렸단다.

보경이와 민준이가 배 속에 있을 때 아내가 빈혈로 고생이 심했었다. 지하철에서
쓰러진 일도 있었다. 어느 순간 눈앞이 캄캄해져서 겨우 정신을 차렸는데 고꾸라진
채 두 손으로 열차 바닥을 짚고 있었댔다. 들고 있던 물건은 여기저기 나뒹굴고
있었다. 고개를 푹 숙이고 주섬주섬 주워 다음 역에서 급하게 내렸다. 증세가

그때랑 비슷했다고 했다.

아내는 도저히 걸음을 내디딜 수 없었다. 머리는 점점 무거워지고, 숨도 크게 쉬어지지 않았다. 눈앞이 보이지 않으니 더 가다가 크게 잘못될 수 있겠다는 생각마저 들었단다. 오도 가도 못하고 시간을 지체해서 나와 거리가 상당히 떨어져 있었다. 가이드 중 한 명이 어떻게 했으면 좋겠느냐고 아내에게 물어왔다. 민준이도 상태가 좋지 않았다. 아내 혼자서 결정을 내려야 했다.

아내는 나만 올라가라고 할 수 없어 보경이에게 가이드와 계속 등반하라고 부탁했다. 그리고 민준이를 데리고 호롬보 산장으로 다시 내려갔다. 가족이 다 같이 킬리만자로 정상에 서자고 다짐했는데 물거품이 되어서 마음이 아팠단다. 민준이도 한발 한발 힘겹게 내려가면서도 아빠인 내가 서운해할까 봐 계속 걱정을 내비쳤다.

호롬보 산장에서 조금 쉬면 괜찮아질 줄 알았는데 구토가 멈추지 않았다. 먹고 기운 차리라고 음식을 갖다 주었지만 아내는 한 숟가락도 입에 댈 수 없었다. 가이드가 산장 담당자와 얘기를 나눈 다음 구급차를 불렀다. 아내를 더는 내버려 둘 수 없다고 판단한 모양이었다. 아내 스스로 느끼기에도 거의 초주검 상태였다고 했다.

구급차에 오르는 일도 곤욕이었다. 좁은 산길이라 호롬보 산장에는 차가 올라가지 못했다. 산 반대편으로 넘어가는 방법밖에 없었다. 힘든 몸을 일으켜 억지로 다시 산을 타야만 했다. 아내는 일단 살고 봐야겠다는 생각뿐이었다. 민준이가 보채지 않고 잘 따라가 줘서 다행이었다. 덕분에 무사히 병원에 닿을 수 있었다.

그러는 사이 나는 점심을 먹기로 한 장소에 일찌감치 도착했다. 4,300m 지점이었다. 두 시간을 기다리고 기다려도 가족들의 모습이 보이지 않았다. 혹시 큰일이 난 건 아닌지 오만 가지 생각이 머릿속을 훑고 지나갔다. 불안한 마음에 내려가 보기로 했다. 4,000m 정도 되는 곳에 다다랐을 때 보경이와 가이드 두 명이 올라오는 것이 보였다.

불같이 화를 냈다. 왜 내 허락도 없이 내려보냈느냐고 되지도 않는 영어로 고래고래 소리를 질렀다. 성질낸다고 결과가 달라지는 것은 아니었지만 축 쳐진 분위기를 어떻게든 다잡아보고 싶었다. 가이드들에게 이제부터 내 말만 들으라고 엄하게 주의를 시켰다. 보경이한테도 정신 바짝 차리라고 단단히 일렀다. 여기서 한 명이라도 더 쓰러지면 큰일이었다. 나중에 들은 말이지만 보경이는 내가 돈 때문에 그랬다고 생각했단다. 그런 마음이 아예 없지는 않았다.

"아빠! 그때 너무 심하게 화냈던 거 알아요? 잘못한 사람이 아무도 없었는데…. 저러면 안 힘드나 싶을 정도로 막 소리 질렀어요. 비싼 돈 들였는데 네 명에서 두 명이 나가떨어지니까 아까워하는 거 같았어요. 그때 좀 무서웠어요."

오후 5시 키보 산장에 겨우겨우 도착했다. 본래 계획대로라면 2시쯤 닿아야 했지만 3시간이나 늦어졌다. 나와 보경이 둘 다 이미 지칠 대로 지쳐 있었다. 고산병에서도 자유롭지 못했다. 한 발 한 발 떼기가 그렇게 힘들 수 없었다. 머리가 핑핑 돌아 제정신이 아니었다. 여기에 복통과 울렁증이 그치지 않아 괴로움이 더 했다.

가이드가 신라면을 끓여 왔다. 여행사에서 준비해준 특별식이었다. 고산 증세가 제일 심한 곳이니 먹고 힘내라는 말도 전해주었다. 워낙 높은 데에 와 있어서 그런지 먹고 싶은 욕구마저 바닥난 것 같았다. 잇몸 통증도 갈수록 심해져 씹는 게 여간 부담스러운 게 아니었다. 보경이만 두세 번 젓가락질 하다 말았다.

그즈음 아내가 아내와 민준이가 구급차에 실려 갔다는 연락을 받았다. 정말 심각해야 산악구급차를 부른다고 알고 있었다. 걱정이 앞섰다. 하지만 킬리만자로 정상에 오르려면 일단 좀 쉬어야 했다. 보경이와 키보 산장에 자리를 펴고 누웠다. 키보 산장에서 밤새 취침은 금지되어 있었다. 잠이 오는 둥 마는 둥 했다. 숙면하지 못하는 것도 고산병 증세 중 하나였다.

밤 11시에 정상으로 출발했다. 대부분 자정에 자리를 뜨지만 이제 중학교 1학년 나이인 보경이의 체력을 고려해 1시간을 앞당겼다. 누워 있는 것도 힘들었다. 가만히 있는데도 체력이 뚝뚝 떨어졌다. 조금이라도 일찍 정상을 찍고 하산하는 것이 나을 것 같았다.

열네 살 딸과 아빠가 함께 오른 우후르피크

3월 12일 -

천천히 정상을 향해 올랐다. 식물이라고는 전혀 찾아볼 수 없는 차디찬 맨땅이 었다. 모래언덕을 오르는 거 같았다. 만년설은 정상 가까이에 덮여 있었다. 한 발, 한 발 내디딜 때마다 발이 모래에 푹푹 빠졌다. 그렇게 1km를 올라가야 했다. 마랑구 루트의 가장 어려운 코스이자 정상으로 가는 마지막 관문이었다.

"보경아! 네 평생에 오늘만큼 힘든 날은 없을 거야"

해발 5,000m를 넘어서자 보경이가 걷다 쉬기를 되풀이했다. 산소량이 급격히 떨어진 탓인지 스무 걸음을 채우지 못하고 멈춰 섰다. 그 잠깐 사이 양손에 쥔 등산 스틱에 기대어 선 채로 꾸벅꾸벅 졸았다. 그럴 때마다 마음을 독하게 품고 보경이 를 깨웠다. 다그치듯 흔들어 눈을 뜨게 했다. 편치 않았지만 거기서 잠들게 내버 려 둘 수 없었다.

"오늘 하루를 포기하면 평생을 두고 아쉬워하게 될 거야! 오늘 딱 하루다. 딱 하루만 참고 힘내자"

보경이를 앞세우고 올랐다. 어두컴컴한 산속을 헤드랜턴 하나에 의지해 걸었 다. 혹시 보경이가 뒤처져 혼자가 될지도 몰랐다. 기운을 북돋으려 딸 뒤에서 끊임 없이 얘기했다. 정신이 혼미해지거나 극도의 무기력증이 찾아오면 가이드에게 업혀 내려가는 수밖에 없었다.

"킬리만자로를 다시 오를 기회가 앞으로 없을 거야. 오늘 하루 힘내면 평생 자랑스러워할 거야. 오늘을 기억해라. 평생에 단 하루다."

모질게 몰아붙였다. 며칠 동안 거의 잠을  못 자 쉬지 않고 졸음이 마구 쏟아졌다. 보경이의 보폭에 맞춰 걷기가 무척 힘들었다. 고산병으로 금방이라도 토할 것처럼 속이 계속 울렁거리고, 머리는 깨질 듯이 아팠다. 컨디션이 정말 최악이었다. 가파른 경사길이 이어졌다. 소리라도 지르지 않으면 내가 버틸 수 없을 것 같았다.

"보경아! 네가 오늘 성공하면 앞으로 어떤 힘든 날이 오더라도 다 이겨낼 수 있다. 오늘을 떠올리면 돼"

보경이는 내 말을 잘 알아들으면서 킬리만자로를 올랐을까? 아니었다. 보경이도 힘들기는 마찬가지였다. 세계 일주를 마치고 한참 지나서 보경이가 그때 얘기를 꺼냈다.

"아빠가 뒤에서 계속 저를 격려했다고 하는데 정말 한 마디도 기억이 안 나요. 경사가 되게 가팔랐어요. 너무 졸리고, 너무 힘들어서 그냥 굴러떨어지고 싶었어요. 굴러떨어지면 죽을 수도 있다는 생각도 안 들었어요."

스텔라 포인트(Stella Point)에 다다랐을 때 거의 실신할 지경이었다. 킬리만자로 정상의 온도가 영하 15도밖에 안 된다는 말에 내복 하의를 챙겨 입지 않은 상태였다. 5,756m 높이였다. 헌데 추위가 장난이 아니었다. 보온병에 담긴 물을 따랐더니 순식간에 얼어붙었다. 스키 탈 때 사용하는 두툼한 장갑을 끼었는데도 손가락이 떨어져 나가는 듯했다.

매섭다 못해 혹독하기까지 했다. 체감온도가 영하 30도는 족히 될 것 같았다. 가방에서 비옷을 꺼내 바람막이 삼아 입었다. 보경이는 방한내의를 아래위로 잘 입어서 다행이었다. 정상인 우후루 피크(Uhuru Peak)가 가까웠다. 키보봉의 꼭대기 지점이었다. 겨우 140m밖에 안 남았는데도 1시간 반이나 걸린단고 했다.

스텔라 포인트까지 밟아도 킬리만자로 등반에 성공했다는 등반인증서를 받을 수 있었다. 두 마음이 엇갈렸다. 이쯤 해서 그만두고 싶기도 했고, 마저 오르고 싶기도 했다. 아니 올라가기도 싫고 내려가기도 싫었다는 게 내 솔직한 마음이었다. 보경이에게 어떻게 하고 싶은지 물었다. 정상까지 가잔다. 별 망설임이 없었다. 오기가 생겼단다.

어쩔 수 없이 다시 걸음을 뗐다. 마침내 두 시간 만에 우후루 피크에 닿았다. 남들보다 30분이 더 걸렸다. 아마 보경이가 올라가지 말자고 했으면 거기서 포기하고 내려왔을 것이다. 막판에 열네 살 딸이 거꾸로 힘을 불어넣어 주었다. 온 가족이 함께하지 못한 서운함은 온데간데없이 사라지고 없었다. 사랑하는 내 딸. 고생고생하며 킬리만자로 정상에 올랐다. 엄마도 해내지 못한 일이었다. 무지무지 자랑스러웠다.

오, 하나님. 맙소사! 어느 순간 구름이 슥 걷히더니 우후루 피크에 쌓인 만년설과 빙하가 모습을 드러냈다. 우후루 피크에는 늘 짙은 안개가 끼어 있어 빙하를 또렷이 볼 수 있는 날이 드물다고 했다. 체력이 방전되다시피 해서 주변을 둘러볼 힘도 없었는데 빙하가 눈앞에 펼쳐지자 압도된 듯한 느낌이 들었다.

잠깐이었지만 넋을 잃고 바라봤다. 오랜 세월 흩뿌려진 눈이 어마어마한 두께로 쌓여 있었다. 추위를 무릅쓰고 장갑을 벗었다. 손가락이 끊어질 것 같았지만 이를 악물고 카메라 셔터를 눌렀다. 두 번 다시 못 볼 장관을 내 손으로 직접 저장해두고 싶었다. 가이드 한 명이 지구온난화가 진행되어서 만년설이 서서히 녹고 있다고 얘기해주었다.

CONGRATULATIONS

UHURU PEAK, TANZANIA, 5895M

AFRICA'S HIGHEST POINT

한쪽에 정상 팻말이 세워져 있었다. 나무 기둥에 노란 글자를 새긴 긴 널빤지들을 달아놓았다. 태극기를 꺼내 보경이와 얼른 기념사진을 찍었다. 너무 추운 나머지 태극기의 아래위를 바꿔서 들었는지도 몰랐다. 정상 정복의 기쁨을 좀 더 만끽하려 했지만 추위 때문에 길게 머물 수 없었다. 진눈깨비가 얼굴을 무자비하게 때렸다. 단단한 비비탄 500발을 가까이서 정면으로 맞는 것 같았다. 눈도 제대로 뜰 수 없었다.

정상을 찍었으니 이제 하산할 차례였다. 키보 산장을 지나 이틀 전에 묵었던 호롬보 산장에 도착했다. 2km 아래로 다시 내려오는데 두 무릎이 나가는 것 같았다. 고산병 증세는 여전했다. 딱히 먹은 게 없었는데도 구토가 멈춰지지 않았다. 며칠 만에 휴식다운 휴식을 취했다. 마음이 편했다. 깊게 잠들지 못해 몇 번이고 깼지만 딸과 함께 킬리만자로 등정에 성공했다는 감흥이 가시지 않았다.

킬리만자로 등정의 감흥과 여운

3월 13일 -

어김없이 새 날이 밝았다. 포터도 변함없이 뜨거운 물을 받아서 문 앞에 놓아 주었다. 멀리 우리가 올라갔다 온 킬리만자로 정상이 보였다. 호롬보 산장의 아침 이 분주했다. 정상으로 올라가려는 사람과 정상에서 내려온 사람들이 겹쳤다. 아침 식사 뒤에는 정상 등반에 성공한 사람들을 축하해 주는 순서가 여기저기서 열렸다.

함께 등반했던 가이드, 포터, 쿡이 보경이와 내 앞으로 모였다. 무려 12명이었 다. 다른 팀은 많아야 서너 명이어서 우리 쪽이 눈에 확 띌 수밖에 없었다. 등반 내내 보이지 않다가 처음 모습을 드러낸 사람도 있었다. 다 나와서 얼굴을 보여 줘야 하는 특별한 아침이었다. 사이좋게 둘러서서 노래를 불러 주는 게 저들이 축하하는 방식이었다.

한목소리로 〈킬리만자로〉와 〈잠보〉를 연달아 불렀다. 신나게 박수하면서 노래 를 이었다. 아프리카의 전통 민요 같은 곡이었다. '잠보'는 스와힐리어로 '안녕' 이라는 뜻이다. 아프리카 곳곳에서 조금씩 가사를 바꿔 부를 만큼 유명하고 잘 알려져 있다. 케냐의 어린이 합창단이 우리나라의 TV 프로그램에 출연해 재미나 게 불렀던 적도 있었다.

Jambo Jambo Bwana Habari gani   Muzurisana
안녕?   안녕하세요?   잘 지내시죠?   네, 잘 지내고 있어요?

Wageri wakari bishwa Kilimanjaro Hakuna Matata
여러분 모두 환영해요   킬리만자로에 아무 문제 없어요

Mandara Hakuna Matata Horombo Hakuna Matata Kibo Hakuna Matata
만다라에 아무 문제 없어요   호롬보에 아무 문제 없어요   키보에 아무 문제 없어요

정상을 밟지 못한 사람에겐 불러 주지 않았다. 다른 팀이 축하받는 걸 구경하는 수밖에 없었다. 12명이 같이 부르니 거의 합창 수준이었다. 어지간해서는 보기 힘든 광경이었다. 더 힘차고 흥겨운 노래가 되었다. 흐뭇했다. 나와 보경이만을 위해 목청껏 불러 주는 노래에 감동이 같이 밀려왔다. 그 감흥이 한동안 지속되었다. 아내가 블로그에 적어놓았다.

"아프리카를 떠나 유럽을 여행할 때도 남편은 차에서 흥겹게 이 노래를 부르곤 했습니다. 남편에겐 생각만 해도 힘이 나고 신이 나고, 킬리만자로 정상 등반이 라는 체력의 한계를 이긴 순간이 떠올라 기운이 나는 노래였습니다."

이제 1km가량 하산해서 점심을 먹은 다음 다시 900m를 내려가야 했다. 그렇게 4박5일의 마랑구 루트를 완주하는 일정이었다. 보경이는 괜찮았는데 내가 문제 였다. 물과 과일만 조금 먹고 나섰지만 고산병을 떨쳐내지 못하고 토하면서 내려 왔다. 속에 남긴 것 하나 없이 죄다 게워낸 느낌이었다. 가이드가 걱정되었는지 계속 갈 수 있겠느냐고 연달아 물었다.

만다라 산장에 도착하니 차량이 한 대 대기하고 있었다. 가이드가 아무래도 무리이다 싶어서 미리 연락해놓았더랬다. 힘들었지만 정중하게 거절했다. 등산의 끝은 걸어서든 기어서든 자기 발로 내려오는 것이라고 덧붙였다. 어쩔 수 없이 동행하던 쿡과 포터가 대신 타고 내려갔다. 아내와 민준이는 구급차를 올려보냈다는 얘기를 듣고 마랑구 게이트 앞에 미리 나와 있었다. 우리가 걸어오는 줄 모르고 몇 시간 동안 내려오는 차량만 쳐다봤다고 한다.

보경이와 정상을 오르는 사이 아내와 민준이는 마랑구 게이트 바로 앞에 있는 숙소에서 머물렀다. 오후 5시, 이틀 만에 가족이 다시 만났다. 보경이가 엄마 품에 안겨서 서럽게 울어댔다. 민준이는 같이 등반하지 못하고 편하게 내려와 있던 게 미안해서 어쩔 줄 몰라 했다. 내 버킷리스트를 지우려 애들한테 너무 심하게 군 것 같아 반성하고 또 반성했다.

고대하던 킬리만자로 등반인증서를 받았다. 인증번호까지 적혀 있었다. 우리나라 산악회 회원들이 킬리만자로를 자주 찾는데 10명 중 5명만 등반에 성공한다고 들었다. 성공률 50%의 통계를 뒤집지 못했지만 등반인증서에 기분이 좋아지는 건 어쩔 수 없었다. 14살 소녀가 킬리만자로를 끝까지 오르는 경우는 매우 드물다고 했다. 보경이가 정말 자랑스러웠다.

숙소에 들어와서 거울을 보니 얼굴이 온통 새까맣게 그을려 있었다. 흰 눈에 부딪힌 햇빛이 세긴 센 모양이었다. 진눈깨비가 때리고 지나간 흔적도 선명했다. 입술까지 얼굴 전체가 심하게 트고 갈라져 있었다. 거의 화상 입은 수준이었다. 전문 산악인이 산에 오를 때마다 왜 얼굴이 엉망이 되는지 알 거 같았다. 킬리만자로를 정복한 전리품이라고 생각하기로 했다.

손에 닿을 듯한 코끼리 무리, 타랑기레 국립공원

3월 14일 -

새벽 5시 모시로 이동했다. 전날 제이가 킬리만자로 등반을 축하한다며 맛난 음식과 음료수를 잔뜩 안겨주었다. 가족들과 신나게 먹고 놀다가 자정 넘어 잠을 청했다. 제이 어드벤처 사무실에 들러 사파리 차량으로 갈아탔다. 새벽 6시 가이드와 함께 세렝게티 투어에 나섰다. 여독이 채 풀리지 않은 상태에서 몇 시간밖에 못 자고 움직였다. 천근만근에 비몽사몽이었다.

6명까지 탈 수 있는 사파리 차량이었다. 동물들을 편안히 구경할 수 있게 앞뒤 좌우로 창이 시원하게 달려 있었다. 난생 처음 타보는 사파리라 아이들이 마냥 신기했다. 자동차 지붕도 크게 열렸다. 열린 지붕으로 얼굴을 내밀고 사진을 찍을 수 있었다. 요섭 씨도 우리와 함께였다. 킬리만자로를 오를 때 만났다.

만다라 산장에서 힘들어하는 우리를 보고 가지고 있던 고산병약을 나눠주었다. 남아프리카공화국에서의 에피소드를 듣고 본인의 카메라 렌즈를 내어주기까지 했다. 세렝게티 투어를 아직 예약하지 않았다고 해서 우리와 같이 다니기로 했다. 마침 사파리에 남는 자리도 있고, 3박4일 투어 요금도 부담스럽지 않고 적당했다.

드넓은 아프리카 대지를 부지런히 달렸다. 타랑기레 국립공원(Tarangire National Park)에 닿았다. 타랑기레 강(Tarangire River)이 국립공원을 가로질러 흐르고 있어 이름이 그렇게 지어졌다. 건기가 되면 타랑기레 강이 유일한 식수원이 되고, 약 70km 떨어진 만야라 호수 국립공원(Lake Manyara National Park)의 수많은 야생동물이 물을 찾아 옮겨온다고 한다.

　타랑기레 국립공원은 특히 코끼리와 바오밥나무가 많기로 유명하다. 입구에
서부터 엄청나게 큰 바오밥나무가 떡하니 자리 잡고 있었다. 마다가스카르에서
봤던 바오밥나무와 생김새가 달랐다. 1월 말의 그것은 나무줄기 윗부분에 가지가
뭉쳐 있었는데 지금은 가지가 골고루 뻗어 있어 훨씬 풍성하게 보였다. 생떽쥐베리
의 〈어린 왕자〉에 나오는 그 바오밥나무였다. 코끼리가 바오밥나무 열매를 즐겨
먹는다고 했다.

　바로 타랑기레 국립공원 안으로 들어
갔다. 큼지막한 새들이 나무 위에 앉아
우리를 반겨주었다. 부리가 기다랗고
뾰족한 새였다. 키가 거의 2m는 되어
보였다. 깜짝 놀랐다. 터주대감처럼

매일 같은 자리에서 지키고 서 있는 듯했다. 남아프리카공화국에서도 봤지만 얼룩말의 얼룩무늬는 말 그대로 예술이었다. 여러 마리가 엉덩이를 보여주며 서 있는데 섹시하다는 느낌마저 들었다. 정말 탐스러운 뒤태였다. 한참 쳐다보게 되었다.

기린 한 마리가 보여 가이드가 가까이에 차를 댔다. 한 자리에서 머뭇머뭇하더니 초원 안쪽으로 걸어 들어갔다. 느릿느릿 걷는데 다리가 길어 금세 멀어졌다. 주변 나무와 어우러진 기린의 모습이 무척 근사했다. 조금 더 가니 타조들이 땅을 쪼아대며 먹이를 찾았다. 지나가던 멧돼지 품바 무리도 잠시 멈춰서서 우리 쪽을 바라봐주었다.

임팔라는 흔하디흔했다. 가장 힘센 수컷 두세 마리가 암컷들을 모두 거느린다고 했다. 그래서일까? 임팔라 두 마리가 싸움이 붙었다. 뿔을 들이받으며 서로 맞섰다. 기세가 엇비슷했다. 쉽게 끝날 것 같지 않았다. 저만치에 여우가 보였다. 임팔라가 싸우든 말든 상관없다는 듯 시큰둥하게 자기 갈 길을 가고 있었다.

점심시간이 되었다. 따로 정해진 장소에서 먹어야 했다. 철제의자와 테이블이 마련되어 있었다. 역시나 점심은 도시락이었다. 킬리만자로에서 먹은 것과 비슷했다. 빵과 치킨 한 조각, 음료수와 초콜릿이 담겨 있었다. 음식 냄새를 맡고 원숭이

들이 몰려왔다. 가까이 오지는 못하고 주변을 계속 서성거렸다. 원숭이들에게 음식을 주거나 돌멩이 같은 것을 던지면 안 된다고 가이드가 당부했다.

사파리 차량의 지붕도 반드시 닫아두어야 했다. 여차하는 사이 원숭이들이 들어가 차에 놓아둔 음식을 훔치고, 시트를 망가뜨리는 등 골치 아픈 일이 벌어진단다. 아니나 다를까 맛있게 점심을 먹고 있는데 한 차량에서 간식거리를 털어서 달아나는 원숭이가 눈에 들어왔다. 우리가 탔던 차량은 지붕을 열어놓지 않아서 다행이었다.

다시 야생동물을 구경하러 나섰다. 코끼리 떼가 나타났다. 전부 스무 마리쯤 되어 보였다. 덩치 큰 아빠 코끼리부터 귀여운 새끼 코끼리까지 모두 모여 있었다. 임팔라 무리를 또 보고, 품바 떼도 다시 만났다. 그날은 초식동물만 눈에 띄었다. 세렝게티 국립공원(Serengeti National Park)에서는 맹수들을 볼 수 있을까?

타랑기레 국립공원을 빠져나오는데 어린 꼬마 아이들이 우리 차를 보더니 우르르 달려왔다. 일주일 가까이 점심이 똑같은 도시락이어서 다 먹지 못하고 두 상자를 남겼다. 빵, 치킨 조각이 큼직  큼직해서 둘이 짝을 지어 나눠 먹어도 배불렀다. 가이드가 차창 너머로 남은 음식을 아이들에게 건네주었다. 익숙한 일인 듯했다.

또 다른 길에서는 마사이족 어린이들이 다가왔다. 이번에도 빵을 나누어주었다. 도시락을 통째로 주지 않고 음식을 하나씩 꺼내서 주었다. 작은 아이들에게 먼저 쥐여주었다. 제일 어린 땅꼬마 아이가 뒤늦게 달려오는 걸 보고 기다려주기도 했다. 가난한 아이들이었다. 측은한 마음이 들었다. 아내가 그날 블로그에 안쓰러운 심경을 남겼다.

"사실 남은 도시락을 그냥 버리려고 했는데 가이드가 따로 모아달라고 했습니다. 왜 저러나 궁금했는데 다 이유가 있었습니다. 마다가스카르에서 굶주린 아이들을 본 지 얼마나 지났다고 벌써 음식 버릴 생각을 했는지.... 정말 미안한 마음이 들었습니다."

동물의 왕국에 나온 그곳, 세렝게티 국립공원

3월 15일 -

아침부터 비가 부슬부슬 내렸다. 세렝게티 국립공원으로 가려면 응고롱고로 보호구역(Ngorongoro Conservation Area)을 지나가야 했다. 잠시 내려 통행료를 지불하고 통행권을 받았다. 잠시 쉬어갈 수 있게 화장실과 전시관이 갖춰져 있었다. 응고롱고로 분화구 전망대가 볼만하다는데 비안개가 짙게 내려앉아 있단다. 일단 패스하기로 했다.

보호구역으로 들어서자마자 원숭이들이 떼거리로 맞아주었다. 너무 많아 우리 차에 올라타고 매달리는 건 아닌지 겁이 날 정도였다. 얼마 지나지 않아 마사이족이 모여 있는 작은 마을이 멀리 보였다. 보호구역 안에서 보호받으며 지낸단다. 주로 소나 양을 키우며 산다고 했다. 점심을 준비하고 있는 걸까? 집집마다 김이 모락모락 피어올랐다.

다른 마을은 죄다 파란색 지붕을 올렸다. 광장 비스무리한 공터를 가운데 두고 집들이 둥그렇게 둘러 있었다. 파란 비닐을 덮은 건지 아니면 푸른 천을 씌운 건지.... 넓디넓은 초원 한가운데 자리 잡았다. 멀리서 보니 마을이 마치 예쁜 장난감 같았다. 초원 곳곳에 얼룩말이 넘쳐났다. 차가 다니는 길가에 한 마리가 덩그러니 나와 있었다. 혼자 산책 중이었는지 꽤나 여유롭게 서 있었다.

어디선가 기린 한 마리가 갑자기 튀어나오더니 뒤따라 수십 마리가 줄지어 달려 나왔다. 키가 3m나 되는 기린이 떼를 지어 지나갔다. 어마어마했다. 한 마리가 사파리 차량에 가까이 다가왔다. 속눈썹이 무진장 예뻤다. 독사진을 찍어주듯 카메라에 기린 얼굴을 크게 담았다. 속눈썹으로 치장한 눈이 굉장히 매력적이었다. 뿔도 앙증맞게 달려 있었다. 자세히 보니 밤색 무늬가 저마다 제각각이었다. 똑같이 생긴 무늬를 찾을 수 없었다.

감탄하면서 세렝게티 국립공원으로 들어갔다. 〈동물의 왕국〉에 자주 나오던 그곳이었다. 사파리 차량 여러 대가 모인 데로 가보니 다들 정신없이 암사자를 구경하고 있었다. 세 마리가 사이좋게 엉덩이를 대고 엎드렸다. 경계근무 중인 건지 서로 보는 방향이 달랐다. 좀 떨어진 곳에 수사자 한 마리가 보였다. 저 뒤에 먹잇감이 어슬렁거리는데 신경도 쓰지 않았다. 배가 부른 모양이었다. 〈동물의 왕국〉에서 봤던 추격전을 기대했지만 아쉽게도 볼 수 없었다.

배는 우리가 고팠다. 부지런히 도시락을 까먹고 다시 아프리카 초원 위를 달렸다. 비가 그친 오후라 햇살이 뜨거웠다. 나무 위에 올라가 있는 표범을 발견했다. 더위를 피해 널브러져 쉬고 있었다. 밑에서 보면 참 불편할 거 같은데 침대처럼 편안한지 꼼짝도 하지 않았다. 긴 꼬리만 살랑살랑 흔들어댔다. 다른 나무에는 표범이 잡은 임팔라 사체가 걸쳐져 있었다. 내장을 먼저 파먹었는지 살덩이만 보였다. 배고플 때마다 조금씩 먹어 치우는 듯했다.

하마 무리도 웅덩이에서 잠수 중이었다. 너무 더워서 그런지 한참을 기다려도 얼굴 한 번 내미는 놈이 없었다. 암사자 한 마리도 나무만 우두커니 바라볼 뿐 움직일 생각조차 하지 않았다. 우리도 나른해지려 하는데 가이드에게 무전 연락이 왔다. 뭐라 뭐라 말을 주고받더니 핸들을 꺾어 속도를 냈다. 보기 힘든 치타의 등장으로 사파리 차량이 너도나도 모여들고 있었다.

표범이랑 비슷한데 달랐다. 표범이 강한 남성성을 풍겼다면 치타는 우아한 여성 같은 느낌이었다. 치타의 선한 눈매와 도도한 걸음걸이에 시선을 빼앗겼다. 볼 테면

보란 식으로 꼿꼿하게 돌아다니다가 누워 쉬는 듯하더니 다시 천천히 주변을 맴돌
았다. 그렇게 한참을 서성이다가 사파리 차량이 쫓아갈 수 없는 초원 안쪽으로
들어가 버렸다. 끝까지 도도함을 잃지 않았더랬다.

그날 밤 세렝게티 국립공원
에서 텐트를 치고 야영을 했다.
캠핑할 수 있는 곳이 따로 마련
되어 있었다. 캠핑의 꽃은 역시
캠프화이어! 민준이가 알아서
돌멩이를 나르더니 불이 번지지

않게 돌멩이를 척척 둘러놓았다. 그 안에 작은 나뭇가지도 모아두었다. 금요일
저녁은 의례 캠핑하러 가는 줄로 알 정도로 틈날 때마다 가족끼리 캠핑을 다녔다.
캠핑의 맛을 잘 아는 민준이였다. 덕분에 '불멍'을 하며 행복한 밤을 보낼 수 있었다.

크루거 국립공원과 달리 세렝게티 국립공원 캠핑장에는 울타리가 쳐져 있지
않았다. 가이드가 밤에 동물 울음소리가 크게 들린다고, 야생동물이 텐트 가까이
올 수도 있으니 조심하라며 장난을 쳤다. 겉으론 태연한 척했지만 속으론 겁을
잔뜩 먹고 있었다. 갑자기 야생동물이 얼굴을 들이밀어도 전혀 이상하지 않은 곳
이었다. '안전하니까 캠핑하게 하는 거겠지?', '야생이니까 사람을 무서워하겠지?'
여러 생각을 하다 쿨쿨 잠들었다.

나무 위에 걸어놓은 임팔라 사체

3월 16일 -

새벽 일찍 일어나 간단히 아침을 챙겨 먹었다. 일찍 일어나는 새가 벌레를 잡아 먹는다고 했던가? 세렝게티의 야생동물을 가능한 한 많이 눈에 담아두고 싶었다. 아프리카의 태양이 떠오르는 모습을 바라보며 또다시 초원을 달렸다. 이른 아침인데도 열기구가 하늘 위에 떠 있었다. 아래로 내려다보는 세렝게티도 근사할 것 같았다.

하이에나 한 마리가 길가 쪽으로 느릿느릿 걸어왔다. 무리에서 이탈한 녀석이었다. 〈동물의 왕국〉에서는 야비하고 교활한 모습으로 주로 비추어졌는데 혼자여서 그런지 처량하다 못해 귀엽게 보이기까지 했다. 쯧쯧. 한쪽 뒷다리를 다쳐 제대로 걷지 못했다. 간밤에 동물의 세계에서 무슨 일이 일어났던 게 분명했다.

조금 더 가니 누 떼가 조용히 풀을 뜯고 있었다. 흰 턱수염이 멋스러운 소과 동물이었다. 수십 마리가 한자리에 몰려 있는 모습은 처음이었다. 어디선가 몸을 낮춘 사자가 기회를 엿보고 있지 않을까 상상해보던 참이었다. 근처 수풀에서 암사자가 쏜살같이 달려 나오더니 발톱을 세우고 누를 습격했다. 누들은 다급해하며 이리저리 피하고, 암사자는 계속 누의 뒤를 노렸다.

두어 번의 단거리 질주 끝에 암사자는 도로 수풀 사이로 몸을 숨겼다. 홀로 나선 사냥은 결국 실패로 돌아갔다. 암사자가 움직일 때마다 수풀이 같이 흔들렸다. 암사자가 어디쯤에서 멈춰 섰는지 대충 가늠할 수 있었다. 불과 10m 앞에서 순식간에 벌어진 일이었다. 역시 세렝게티는 세렝게티구나. 탄성이 절로 나왔다.

얼마 뒤 사뭇 귀여운 고양이과 동물을 만났다. 사파리 차량의 타이어 자국을 따라 사뿐사뿐 걸어가고 있었다. 서벌캣(serval cat)이었다. 고양이와 치타를 섞어 놓은 듯한 모습이었다. 검은색 얼룩무늬는 치타랑 닮았는데 몸집은 훨씬 작았다. 쫑긋 세워져 있는 큰 귀는 고양이와 비슷했다. 꼬리도 치타보다 짧았다. 단독생활을 하면서 하루에 6km 이상 돌아다닌다고 가이드가 동물 책을 펼쳐가며 설명해주었다. 아주 보기 힘든 동물이라고 전하는 가이드의 목소리가 한껏 들떠 있었다.

와우. 이번엔 표범이 등장했다. 어제 봤던 치타랑 분위기가 달랐다. 가만히 있는데도 포스가 마구 뿜어져 나왔다. 정말이지 멋졌다. 치타보다 무게감이 있어 보이고, 다리도 약간 짧은 듯했다. 〈동물의 왕국〉에 나온 표범답게 눈빛이 매섭고 날카로웠다. 거침없이 한참을 걸어가더니 어느 나무 앞에서 걸음을 멈췄다. 나무 위에는 임팔라 사체가 먹이로 걸려 있었다.

사람 허리춤 높이의 굵은 가지에 가볍게 뛰어오르더니 우리 쪽을 정면으로 바라보고 앉았다. 자기 먹잇감을 탐내고 있다고 여겼는지 굉장히 강렬한 눈빛으로 우리를 계속 노려봤다. 카메라 셔터를 연달아 눌렀다. 모델이 따로 없었다. 그러다 표범이 갑자기 몸을 일으키더니 순식간에 임팔라 사체 옆으로 올라갔다. 역시나 자세를 잘 잡고 앉았다. 분명 먹이를 지키려는 행동이었다.

빨간색 신호등에 걸린 것처럼 사파리 차량들이 길에 정차해 있길래 가봤더니 누 떼가 길을 가로지르고 있었다. 수십 마리가 다 건너갈 때까지 꼼짝없이 기다려야 했다. 가이드에게 빅 파이브 가운데 버팔로를 아직 못 봤다고 하자 지금 버팔로를 보러 가는 길이었다는 답이 돌아왔다. 긴가민가했는데 정말 버팔로가 무리 지어 있었다. 1백 마리는 족히 되어 보였다. 마치 오대오 가르마를 한 듯 뿔 모양이 독특했다. 중세시대 남자들이 쓰던 가발을 얹어놓은 것 같아 웃음이 나왔다.

캠핑장으로 돌아오니 점심 식사가 준비되어 있었다. 이제 세렝게티 국립공원으로 오는 길에 지나쳤던 응고롱고로 국립공원(Ngorongoro National Park)으로 떠날 차례였다. 아프리카의 하늘이 시원하게 펼쳐져 있었다. 사방으로 뻗은 지평선에 가슴이 벅차올랐다. 멀리 비구름 아래에만 비가 내리는 광경도 멋있었다. 우린 좁은 땅덩어리에서 아옹다옹하며 살고 있는데…. 천혜의 자연과 드넓은 땅, 풍부한 자원을 지닌 아프리카가 괜시리 부러웠다.

심바 캠핑장(Simba Camp)에 도착해 텐트를 치고 저녁을 맞았다. 응고롱고로 분화구가 내려다보이는 캠핑장이었다. 초록 잔디밭에 가지각색 텐트를 쳐놓은 모습이 정말 예뻤다. 굵은 줄기에 잎사귀 무성한 나무 한 그루가 잔디밭 한가운데에 심겨 있었다. 그 나무 주변으로 텐트들이 옹기종기 모였다. 더 정감 있게 보였다. 그날 밤하늘 달빛이 굉장히 밝았다. 세렝게티 투어의 마지막 밤이라 아쉬움이 더했다.

야생동물의 낙원 응고롱고로

3월 17일 –

응고롱고로는 마사이어로 '큰 구멍'이라는 뜻이다. 화산이 분화되고 난 다음 정상이 무너져내리면서 지금의 모습을 갖추게 되었다고 한다. 북서쪽에 있는 라운드 테이블 힐(Round Table Hill)이 유일한 화산 흔적으로 남아 있다. 세계에서 가장 넓은 분화구로 널리 알려져 있다. 직경이 무려 20km에 달하고, 160km^{3}에 이르는 면적을 자랑한다.

이곳의 야생동물은 다른 지역으로 이동하지 않는다고 한다. 우기에는 평원에 흩어져 살고, 건기에는 뭉게습지라 불리는 습지대로 모여든다. 1년 내내 물과 먹이를 마음껏 얻을 수 있어서 굳이 물이 있는 곳을 찾아 나서지 않아도 된다. 2만여 마리의 야생동물이 서식하고 있는 응고롱고로는 동아프리카의 야생 생태계를 그대로 축소해 놓은 곳으로 평가받고 있다.

세렝게티 투어의 마지막 날이었다. 아침을 먹고 열심히 짐을 꾸렸다. 응고롱고로를 둘러보고 나서 바로 모시로 떠날 예정이었다. 한참을 내려와 응고롱고로

에 닿았다. 분화구 주변이 온통 산으로 둘러싸여 있는 듯했다. 도착하자마자 가이드가 차에서 내리더니 지붕 밖으로 얼굴을 내밀게 한 다음 가족사진을 찍어 주었다. 분화구 안의 평원을 시계 반대 방향으로 크게 돌기로 했다. 엄청나게 많은 야생동물이 분화구 안에 살고 있다고 해서 무척 설렛다.

조금 못 가서 코끼리 가족을 만났다. 엄마 코끼리와 아빠 코끼리의 기다란 앞니가 멋들어져 보였다. 다른 팀 사파리 차량이 멈춰 서 있길래 다가갔더니 코끼리

가 길을 건너고 있었다. 큰 바윗덩어리가 지나가는 거 같았다. 자칫 잘못 건드렸다가 무슨 일이 벌어질지 몰라 다 건너갈 때까지 조심조심하며 기다렸다.

물 밖으로 나온 하마를 오랜만에 봤다. 부담스러우리만큼 덩치가 컸다. 다른 팀 사파리 차량이 개과 동물인 자칼을 구경하고 있었다. 주둥이가 가늘고 뾰족했다. 귓바퀴가 커서 여우처럼 보이기도 했다. 원래 왜소한 건지 아직 덜 자란 새끼인지 몸집이 자그마했다. 이곳저곳 열심히 냄새를 맡더니 총총걸음으로 금방 사라졌다.

잠시 뒤 보기 힘들다는 코뿔소가 드디어 모습을 드러냈다. 세렝게티 투어 마지막 날이라 더 반가웠다. 이렇게 빅 파이브를 다 보긴 했는데 생각해보니 코뿔소가 너무 멀리 있었다. 사파리 차량이 들어갈 수 없는 데였다. 좀 가까이 와주면 좋으련만 웅덩이에 박혀 한 발짝도 나오려 하지 않았다. 우리에게 너무 고고하게 구는 듯했다.

쌍쌍이 붙어 있는 동물들이 자주 눈에 띄었다. 얼룩말 두 마리가 서로 목을 감싸고 있는 장면을 정말 많이 볼 수 있었다. 왜 그러고 있는지 궁금했는데 가이드도 답해주지 못했다. 새 한 쌍이 나란히 걸어가는 모습도 카메라에 담았다. 머리에 황금색 깃털이 왕관처럼 씌워져 있었다. 다른 쪽에서는 누 한 쌍이 배를 깔고 엎드려 쉬고 있었다. 느긋하고 편안한 오전을 보내는 게 일과인 듯했다.

잠시 휴식을 취하고 화장실도 이용할 겸 물가에 차를 댔다. 안전한 데여서 그랬는지 차에서 내려도 된다고 허락해주었다. 호수 가까이 가서 보니 하마가 떼로 모여 몸을 담그고 있었다. 역시나 물 밖으로 나올 기미는 보이지 않았다. 다시 차를 타고 이동했다. 또 다른 코뿔소를 발견했다. 이번에도 손가락 세 개를 붙여놓은 크기로 보였다. 가만히 있다가 걸음을 떼길래 우리 쪽으로 와주길 바랐지만 바로 외면당하고 말았다. 자기 앞에 내려앉은 새들이 걸어 움직이자 뒤따라가는 중이었다.

사자 한 쌍이 사파리 차량을 모두 불러 세웠다. 차들이 오가는 맨땅을 둘이 걷는 듯하더니 아예 자리를 잡고 누워 버렸다. 이쪽저쪽에서 차량이 계속 다가오는데도 전혀 아랑곳하지 않았다. 멀리 떨어져서 봤을 때는 맹수라는 게 실감 나지 않았는데 코앞에서 눈빛을 마주하고 나니 왜 동물의 왕이라 불리는지 고개가 끄덕여졌다. 말 그대로 사나운 맹수의 눈빛이었다.

아쉬웠지만 사자와의 만남을 뒤로 하고 응고롱고로를 떠나 모시로 향했다. 야생동물이 여기저기서 갑자기 나타나고, 한꺼번에 무리 지어 이동하는 모습을 내 두 눈으로 봤다. 울타리  없는 야생 동물원이었다. 〈동물의 왕국〉을 리얼로 생생하게 즐겼다. 이제 우리나라 동물원은 무슨 재미로 가나 싶었다. 행복했던 세렝게티 투어였다.

배불리 대접하고팠던 사람들

3월 18일 -

킬리만자로 등반부터 세렝게티 투어까지 거의 열흘을 쉴 새 없이 달려왔다. 모처럼 쉬어 가는 날로 잡았다. 설렁설렁 거닐며 모시 시내를 둘러보기로 했다. 킬리만자로 등반에 함께 했던 가이드, 포터, 쿡 16명을 만날 일도 있었다. 세렝게티에 다녀올 테니 5일 뒤에 다들 다시 보자고 얘기해놓았다. 돼지 한 마리 잡아서 대접하겠다고 했다. 우리나라 곱창, 막창과 비슷한 음식이 꽤 맛있고 저렴했다. 일이 뜸한 비수기였다. 남은 음식은 들고 가라고, 꼭 보자고 당부해두었다.

킬리만자로를 오를 때 저들이 제대로 식사하는 모습을 본 적이 없었다. 우리가 도시락을 비우는 동안 아무것도 먹지 않고 잠자코 기다리기만 했다. 저녁에 산장에서 모자란 끼니를 거푸 때우는 건지 모르지만 자기들이 먹을 점심은 한 번도 챙겨오지 않았다. 도시락에 든 치킨 조각이 우리가 흔히 대하는 크기가 아니었다. 어른 주먹과 견줄 만했다. 과일도 큼지막해서 두 쪽만 먹어도 후식으로 충분했다. 다 못 먹고 남은 음식을 건네주면 그제야 조금 손을 댔다.

우리나라도 가난했던 시절에 저랬을까? 저걸로는 턱없이 부족할 텐데.... 안쓰러웠다. 유럽 사람들은 그들이 굶든 말든 개의치 않는 모습이었다. 한때 아프리카 곳곳을 식민지로 삼았었기 때문인지 약간의 우월의식을 가지고 있는 듯했다. 평소 차리는 밥상에 수저 하나 더 올려서 같이 먹는 게 우리 정서다. 바로 옆에 두고 우리 배만 채우는 거 같아 마음이 편치 않았다.

킬리만자로 등반인증서에는 등반한 날짜는 물론 함께 오른 가이드 이름까지 적혔다. 겨우 입에 풀칠만 하면서 수고해주었는데 그냥 헤어지는 게 못내 아쉬웠다. 몇 날 며칠을 같이 지내면서 정이 든 모양이었다. 고산병으로 죽을 듯이 힘들 때마다 저들이 옆에 있어 크게 의지가 되었다. 잘 먹이고 싶은 마음이 그득했다.

반갑게 제이 어드벤처에 들렀다. 헌데 아무도 만날 수 없었다. 그새 등반팀을 받아 킬리만자로 올라갔단다. 섭섭한 마음이 들었지만 어쩔 수 없었다. 얻어먹는 밥 한 끼보다 일을 계속하는 게 저들에겐 더 행복할 터였다. 비수기에 일거리가 생겨 오히려 다행이라는 생각이 들었다. 서운함을 뒤로 하고 거리로 나왔다.

유니온카페(Union Cafe)로 들어갔다. 모시에서는 꽤 유명한 카페였다. 외국인들이 주로 찾았다. 와이파이를 사용할 수 있다고 해서 갔는데 하필 그날따라 먹통이었다. 하와이안피자, 과일샐러드 등 이것저것 잔뜩 시켜서 먹었다. 더위를 시킬 겸 아이스크림도 주문했다. 음료는 항상 콜라 아니면 환타였다. 아프리카에서는 탄산음료 말고는 마실 거리가 딱히 없었다.

저녁 무렵 세렝게티 투어를 함께 했던 가이드를 지나가다 마주쳤다. 같이 밥 먹자고 손을 잡아 이끌었다. 다시 유니온카페로 갔다. 가이드의 표정이 어리둥절해졌다. 이런 경험이 처음인 듯했다. 스테이크 먹으라고, 먹고 싶은 것 아무거나 시키라고 권했지만 감자튀김 한 접시만 주문했다. 어색했던지 그것도 마음 편히 먹지 못했다.

그거 먹고 괜찮겠냐고 했더니 자기는 이것으로 충분하단다. 누릴 수 있는데, 누려도 되는데 그러지를 못했다. 측은해졌다. 킬리만자로 스텝들도 대접받는 것을 어색해할까? 그쪽은 사람이 많으니 음식이 나오면 금세 화기애애해질 것 같았다. 킬리만자로 얘기를 기분 좋게 주거니 받거니 했을 텐데.... 또 한 번 아쉬움을 삼켰다.

다음 날 잔지바르(Zanzibar)섬으로 떠나는 항공권을 예약해두었다. 본래는 버스를 타고 왔던 길을 거슬러 다시 다르에스살람으로 간 다음 거기서 배에 올라 잔지바르섬으로 건너갈 계획이었다. 항구까지 택시로 이동해야 하는데 도저히 자신이 없었다. 잘못 타서 택시 강도를 만나면 어떡하나 마음이 놓이지 않았다.

잔지바르에서 마주한 영적 싸움

3월 19일 –

오후 1시 20분 잔지바르섬에 무사히
착륙했다. 킬리만자로 공항에서 비행기로
50분 거리였다. 면적이 서울의 네 배에
달했다. 130만 명의 주민이 그곳에 거주
하고 있었다. 세계적인 록 그룹인 퀸의 프레디 머큐리가 어린 시절을 보낸 곳으로
유명했다. 잔지바르섬은 킬리만자로, 세렝게티와 함께 탄자니아에서 꼭 가봐야
하는 곳으로 꼽혔다.

섬의 서쪽 해안에 자리한 스톤타운
(Stone Town)에 발을 내디뎠다. 출입국
사무소가 거기 있었다. 하늘을 가로질러
오든 파도를 넘어오든 잔지바르섬에 닿으
려면 반드시 스톤타운을 거쳐야 했다.
헉 소리가 절로 났다. 숨이 턱 막힐 정도로 덥고 습했다. 사방이 바다로 둘러싸인
섬이어서 더 그런 거 같았다.

숙소가 대로가 아닌 골목 안쪽에 있었다. 처음 온 사람들은 쉽게 찾아가기

어려웠다. 택시기사에게 호텔 앞까지 들어가달라고 했다. 예약한 데가 맞는지 확인해야 하는데 가족들을 두고 내리는 게 영 탐탁지 않았다. 같이 가서 주소를 봐달라고 일부러 택시기사에게 부탁했다. 순식간에 택시강도로 돌변할지도 모른다는 걱정이 앞섰다.

호텔에서 탄자니아의 관광명소를 소개하는 정보 책자를 접했다. 한 에피소드가 눈에 확 띄었다. 신혼여행으로 세계 일주하던 어느 부부가 다르에스살람에서 택시강도를 만난 이야기였다. 한밤중 택시가 멈춰 선 곳은 목적지가 아닌 패거리들이 있는 소굴이었다. 죽을 만큼 심한 폭행을 가한 후 값비싼 카메라, 노트북, 핸드폰 등을 그 자리에서 전부 빼앗았다.

다음 날 아침 신부는 붙잡아두고 신랑만 차에 태워 은행을 돌았다. 더는 출금이 안 될 때까지 계속 옮겨 다니면서 돈을 뽑게 했다. 그리고 자기들을 찾지 못하게 먼 곳으로 데려가서 신혼부부를 버리고 달아났다. 생판 모르는 낯선 이국땅에서 도움을 찾아 정처 없이 헤매어야 했다. 하필 우리나라 사람들이 었다. 안도의 한숨을 내쉬었다. 아무 사고 없이 여기까지 온 게 감사할 따름이었다.

숙소와 가까운 데에 올드포트 (Old Fort)라 불리는 옛 성이 있었다. 스톤타운은 마을 전체가 유네스코의 세계문화유산으로

지정된 구시가지였다. 스톤타운이라는 이름처럼 오래된 석조건물이 대부분이었다. 낡고 빛바랜 모습이 긴 세월을 버텨왔다고 말해주었다. 불에 탄 것처럼 벽마다 검은 때가 잔뜩 끼어 있었다. 우중충한 느낌마저 들었다.

올드포트는 지어진 지 300년도 훨씬 더 된 요새였다. 당시 잔지바르섬을 장악했던 오만제국이 포르투갈의 침입을 막기 위해 쌓아 올렸다. 1800년대에는 죄수들을 가둬두는 곳으로 쓰이고, 2차 세계대전이 벌어졌던 시기에는 기차역으로 사용했다고 한다. 들어가는 문이 굉장히 좁았다. 한 사람만 겨우 드나들 수 있었다.

요새 안뜰이 축구를 해도 될 정도로 넓었다. 기념품 상점과 옷가게가 안쪽 벽에 늘어서 있었다. 아내는 그동안 아프리카 여인들이 즐겨 입는 바지에 눈독 들여왔다. 우리나라의 몸빼바지와 비슷했다. 화려한 무늬와 색상도 맘에 들고, 품이 넉넉해서 편해 보이는 것도 좋았단다. 두 벌에 3만 실링(shilling). 우리나라 돈으로 3만 원가량을 주었다. 다른 나라보다 비쌌지만 이후 쭉 잘 입고 다녀서 괜찮았다.

"엄마! 나 힘들어. 토할 것 같아"

옷가게 주인이 보경이가 예쁘다며 헤나를 그려줘도 되느냐고 물어왔다. 호의를 거절할 수 없어 그러라고 했다. 손등에 간단하게 하나 그렸다. 보경이 손을 잡아당기며 바로 펜을 집어 드는 바람에 하지 말라고 말할 새도 없었다. 고맙다고 인사하고 나오자마자 보경이가 헛구역질을 하면서 괴로워했다. 잠깐 사이에 안색이 변하면서 식은땀이 맺혔다. 급기야 다리 힘이 풀리면서 주저앉으려고 했다.

안뜰 한쪽은 계단 꼭대기였다. 아래로 로마식 원형극장이 작게 만들어져 있었다. 급한 대로 계단에 보경이를 앉혔다. 딱히 잘못 먹는 게 없었다. 헤나를 빨리 지워야 할 것 같았다. 행여 부적처럼 주술적인 의미가 담겨 있지 않나 의심스러웠다. 얼른 물티슈를 꺼내 보경이의 손등을 문질렀다. 영적 싸움일지도 몰랐다. 소리 내어 기도하며 보경이 어깨를 주무르고 등도 두들겨주었다.

헤나 자국을 지우느라 한참을 씨름했다. 30분쯤 지났을까? 그제야 보경이가 기운을 되찾았다. 세계 일주를 하며 처음 겪는 일이었다. 아내와 나, 민준이의 놀란 가슴도 차츰 진정되었다. 무심코 지나치는 사소한 것, 아주 작은 틈을 비집고 영적 공격이 들어올 수 있음을 되새겼다. 앞으로는 더 많이 기도하면서 다녀야겠다고 마음먹었다.

우리 가족의 숙제는 절제?

한숨 돌리려 레스토랑으로 들어갔다. 에어컨은 물론 선풍기 한 대 틀지 않았는데도 시원해서 신기했다. 왜 그런가 하고 살펴봤더니 벽이 상당히 두꺼웠다. 창문을 보다 알았다. 두께가 가히 30cm는 되어 보였다. 덥고 습한 바깥공기를 쾌적하게 막아주고 있었다. 바람이 휘몰아치고, 비가 거세게 내려도 끄떡없을 것 같았다.

스톤타운의 미로 같은 골목골목이 참 예뻤다. 지도를 잘 들여다보며 다니지 않으면 길을 잃기 딱 좋은 곳이었다. 골목마다 아기자기한 집과 가게가 다닥다닥 붙어 있었다. 먼저 들렀던 가게에 다시 가려면 이리저리 오가며 잠시 헤매야 했다. 그럴 때마다 또 다른 예쁜 골목이 눈에 들어왔다. 그래서 더 매력적이었다.

가죽 샌들 가게가 우리 집 두 여자의 마음을 사로잡았다. 가죽 장인이 정성껏 한땀 한땀 손수 만들고 있었다. 질 좋은 가죽에 세련된

디자인이 더해지니 명품이 따로 없었다. 헌데 가격이 꽤나 묵직했다. 긴 여행이니만큼 짐이 느는 게 아무래도 부담스러웠다. 눈물을 머금고 돌아 나올 수밖에 없었다. 나중에 이탈리아에서 똑같은 가죽 샌들을 접했다. 스톤타운 골목에서 봤던 게 훨씬 싸고 예뻤다. 그때 장만했어야 했는데…. 계속 생각났다.

어느새 해가 뉘엿뉘엿 넘어가고 있었다. 야시장으로 발길을 돌렸다. 올드포트에서 길 건너 맞은 편은 포로다니 가든(Forodhani Gardens)이었다. 야외식당과 카페, 작은 놀이공원이 인도양을 정겹게 바라보고 있었다. 해가 지자 가판대와 간이 테이블, 간이의자가 깔리면서 야시장으로 바뀌었다. 테이블마다 작은 석유등을 올려놓았다. 가로등 하나 없는데도 근사한 분위기가 연출되었다.

스톤타운의 저녁노을이 붉게 물들었다. 시원해지니 사람들이 야시장으로 몰려나왔다. 해변은 이미 십대들의 놀이터였다. 하나둘씩 노을 진 바다로 첨벙 뛰어들었다. 낮에 흘린 땀을 씻어내는 아이들의 표정이 마냥 즐거웠다. 평범한 평일 저녁이었다. 잔지바르의 아름다운 석양과 행복한 웃음소리가 뒤섞였다.

'잔지바르 피자' 가판대가 분주했다. 야시장에서 가장 유명한 먹거리였다. 먹어보지 않을 수 없었다. 얇게 문질러 편 도우에 잘게 썬 야채와 고기, 양념을 채워 봉한 다음 지글지글 프라이팬에 올렸다. 모양이 피자보다는 두툼한 호떡에 더 가까웠다. 한쪽 시켜서 먹고 나서 더 주문했다. 배가 고파서 그랬는지 입에 척척 달라붙었다.

사탕수수 음료를 파는 데로 갔다. 민준이 키 정도 길이의 사탕수수 줄기가 잔뜩 있었다. 손님이 보는 데서 기계를 돌려 즙을 짜냈다. 한잔 마셔봤다. 달짝지근한 음료를 시원하게 들이켜니 절로 미소가 지어졌다. 또 무얼 먹어야 할까? 야시장에서 꼬치를 그냥 지나치려니 서운해질 뻔했다. 사이좋게 하나씩 들고 맛있게 입에 가져갔다. 이것저것 먹다 보니 저녁이 해결되었다.

군침 돌게 하는 음식이 정말 많았다. 우리나라 돈으로 2천 원 정도만 내면 종이 접시에 듬뿍 담아 내주었다. 이것저것 두 손 가득 사 와서 벤치 앞에 펼쳐놓았다. 소풍을 나온 듯했다. 네 가족이 달려들어 맛있게 배를 채웠다. 너무 많이 샀는지 음식이 좀 남았다. 어떻게 싸서 가져가야 하나, 어디 치울 데는 없나 두리번거리고 있었다.

현지인 한 명이 다가오더니 혹시 다 먹은 거냐고, 더 먹을 거냐고 물어왔다. 옆에서 지켜보고 있다가 우리가 식사를 마칠 때쯤 다가온 거였다. 굉장히 예의 바르고 정중했다. 별 부담 없이 남은 음식을 내주었다. 바로 먹을 것처럼 자리를 잡고 앉더니 근처에 있던 다른 사람을 큰 소리로 불렀다. 둘이 알고 지내는 사이가 아닌 듯 보였다. 자신을 부른 건지 손짓으로 확인한 다음 쭈뼛쭈뼛하며 옆으로 왔다. 그러고 둘이 같이 먹기 시작했다.

끼니조차 제대로 때우지 못하는 가난한 현지인들이었다. 관광객들이 남긴 음식으로 하루하루를 지내고 있었다. 그걸 혼자 먹지 않고 같은 처지에 있는 다른 사람과 나누었다. 얼굴이 화끈거렸다. 음식을 버리려 했던 속마음을 들킨 것 같아 부끄러운 마음이 들었다. 분명 다 먹지 못할 거라고 보고 우리 옆에 와 있던 게 아니었나 싶었다.

이후 음식을 과하리만치 주문하지 않으려 조심했다. 이 정도 남은 건 버려도 괜찮다는 말은 입 밖으로 내지 않았다. 배고픈 사람과 더불어 살고 있음을 유념하려 애썼다. 잔지바르섬에서의 첫날이었다. 주변을 잘 살펴보라고 계속 말씀하시는 것 같았다.

일단 YES! 뒷감당은 NO!

3월 20일 -

스톤타운에서 능귀(Nungwi)로 이동했다. 해안을 따라가면서 잔지바르섬을 둘러볼 계획이었다. 전날 호텔에서 렌트카를 예약했다. 많은 짐을 조금이나마 덜 빡빡하게 실으려면 RV 차량 크기는 되어야 했다. 팜플릿에 나와 있는 레저용 차량을 콕콕 집어 가리켰고, 수차례나 확답을 받아둔 터였다.

헌데 아침부터 불쾌한 상황이 벌어졌다. 전혀 다른 차를 가지고 왔다. 작아서 안 된다고 몇 번이나 거절했던 일반 승용차였다. 누가 보더라도 폐차하기 직전이었다. 순순히 차를 바꿔주겠다며 일어서는데 도무지 믿음이 가지 않았다. 그동안 무조건 오케이 하고 뒷감당은 나 몰라라 하는 통에 난감했던 적이 한두 번이 아니었다.

아내한테 애들을 맡기고 따라나섰다. RV 차량은 눈을 씻고 찾아봐도 없었다. 다 찌그러져 가는 5인승 승용차 몇 대가 전부였다. 그마저도 이미 예약되어 있단다. 따져 봤자 별반 달라질 것 같지 않았다. 먼저 차보다 상태가 쬐끔 괜찮은 것으로 겨우 바꿀 수 있었다. 고개를 절레절레 흔들면서 호텔로 돌아왔다.

출발을 서둘렀다. 카센터 연락처를 수소문해서 챙겼다. 가는 길에 언제 차가 고장 날지도 몰랐다. 경찰이 렌트카를 이용하는 여행객에게 괜한 서류를 보여달

라며 뒷돈을 요구하는 경우가 빈번하다기에 서류도 한 장 한 장 꼼꼼히 들여다봤다. 잔지바르는 아래위로 기다란 섬이었다. 능귀로 가려면 북쪽으로 올라가야 했다. 잔지바르섬의 제일 꼭대기가 능귀였다.

한 시간 정도 지났을까? 서쪽 해안을 따라 올라가다 보니 어느새 능귀에 다다랐다. 파란 해변이 아름다웠다. 마침 하얀 세일링 보트가 가까이 지나갔다. 한 폭의 그림을 감상하는 듯했다. 숙소를 찾아 돌아다니다 켄드와 비치(Kendwa Beach)도 괜찮다는 말을 들었다. 그리로 가보기로 했다. 왔던 길을 거슬러 아주 조금만 내려가면 되었다.

선셋 방갈로(Sunset Bangalo)에 방을 잡았다. 3명이 들어가는 방에 엑스트라 베드를 하나 추가했다. 울창한 정원에 둘러싸인 예쁜 호텔이었다. 욕실에 소금물이 나와서 항의했더니 당연한 건데 왜 따지냐고 해서 오히려 내가 당황했다. 햇빛이 수그러든 시간 물에 발이라도 담그려 해변으로 나갔다. 생각해보니 능귀로 가는 중에 길거리에서 닭꼬치를 간식 삼아 맛본 뒤로 아무것도 먹지 않았다. 숙소를 구하는 데 신경 쓰느라 점심을 건너뛴 것도 잊고 있었다.

레스토랑에서 걸음을 멈췄다. 점심 겸 저녁 식사를 하기로 했다. 치킨 가라아게

와 해산물 모둠을 시키고 주변을 구경했다. 해변에 닿아 있는 식당이었다. 조그마한 통통배에 사람들이 폴짝 올랐다. 바다로 나가 해넘이를 구경하는 투어가 있는 모양이었다. 다른 통통배는 벌써 손님을 다 태우고 조금씩 멀어지고 있었다.

얼마 지나지 않아 수평선이 붉게 물들어 갔다. 아침에는 차 가지고 실랑이하랴 낮에는 숙소 찾으랴 정신없었는데 일몰을 바라보고 있으니 그제야 여유가 생기는 듯했다. 밥을 다 먹은 민준이는 해변으로 쪼르르 달려갔다. 그러더니 일몰을 등지고 열심히 모래성을 만들었다. 켄드와 비치의 선셋과 함께 하루를 마무리했다.

잔지바르의 향신료 투어

3월 21일 –

인도양의 뜨거운 바닷바람이 새날이 되었다고 알려주었다. 잔지바르섬의
남동쪽에 있는 잠비아니(Jambiani)로 떠날 예정이었다. 동쪽 해안을 따라 내려
가다가 향신료 투어(Spice Tour)도 하기로 했다. 지도 한 장 달랑 들고 찾아가
는 길이었다. 어디 있는지도 잘 모르고, 예약도 해놓지 않았다. 초행이라 대충 짐작
해서 가야 했다. 정말 향신료 투어를 한다고 써놓은 이정표가 보였다.

전화 한 통 없이 불쑥 찾아간 거라 자리가 없을 수도 있었다. 가족이 와서 그랬
는지 다행히 투어를 진행해주었다. 다른 데는 어떻게 하는지 비교해보기도 하고
느긋하게 가격도 알아보면 좋았겠지만 도리어 우리가 마음이 급해져 바로 투어
신청을 해버렸다. 요금이 좀 비싼 듯했다. 어른 한 사람이 10달러, 아이들은 5달
러씩이었다.

가이드가 어느 식물 앞에서 멈춰
섰다. 작은 초록 알갱이들이 다닥
다닥 방울방울 붙어 길쭉하게 달려
있었다. 이게 뭔가 했는데 후추 열매
란다. 자연에서 자라고 있는 후추

를 직접 본 건 처음이라 신기했다. 아내가 집에서 빵을 만들 때 바닐라빈을 사용하는 걸 봤었다. 바짝 말려 색이 검게 변해 있었는데 실제로 보니 싱그러운 초록빛이었다. 열매가 꽉 차 있는지 꼬투리마다 두툼하고 통통했다.

아라비카 커피나무도 구경했다. 커다란 잎사귀 안쪽에 커피열매가 수줍게 숨어 있었다. 이어 가이드가 그린 오렌지를 하나 따더니 반으로 갈라서주었다. 연두색 껍질과 주황빛 과육이 선명하게 구분되었다. 탐스럽게 보여 한입 베어 물어봤다. 맛은... 아직 설익었는지 별로였다. 잭후르츠 열매는 엠보싱 처리를 해놓은 듯 껍질이 오톨도톨했다. 속이 여물면 껍질 색이 연한 초록에서 짙은 초록으로 바뀐다고 했다.

또 다른 밭에 가서는 가이드가 쪼그려 앉아 땅을 팠다. 뿌리 쪽을 캐서 내보여주었다. 생강처럼 생겼는데 평소 알던 것보다 몸집이 크고 튼실했다. 칼로 쓱쓱 잘라서 가족들 손에 한 조각씩 올려주었다. 그새 가루가 퍼져 손바닥을 노랗게 물들였다. 강황이었다. 보경이와 민준이는 그날 파인애플나무를 처음 봤다. 나무가 아직 어려 줄기가 거의 땅바닥에 붙어 있다시피 했다. 작은 파인애플 열매가 마치 꽃송이처럼 보였다.

향신료 투어 막바지였다. 야자수 앞에 다다르자 또 다른 가이드가 등장했다. 나무 지푸라기로 만든 발싸개를 맨발에 끼우더니 잠보 노래를 부르기 시작했다. 킬리만자로 정상 등정을 축하하며 제이 어드벤처 직원들이 불러줬던 노래였다.

박자에 맞춰 신나게 야자수에 오르는 쇼가 이어졌다. 속으로 네 번밖에 안 셌는데 벌써 꼭대기에 다다랐다.

우리 가족에게 줄 코코넛을 따서 하나씩 밑으로 던졌다. 코코넛이 땅에 툭툭 떨어질 때마다 보경이와 민준이가 재밌다고 소리를 질렀다. 가이드가 익숙한 솜씨로 윗부분을 도려내 과즙을 맛보게 해주었다. 보경이와 민준이가 무척 맛있어했다. 우리가 다 마신 것 같자 다시 가져가더니 일정한 모양으로 총총 썰어 과육까지 장만해주었다.

야자수 열매를 즐기는 동안 한쪽에서 어린아이가 바나나잎을 자르고 접으면서 그걸로 뭔가를 계속 만들었다. 나와 민준이에게는 근사한 넥타이를 걸어주고, 아내와 보경이한테는 예쁜 반지와 손목시계를 선물해주었다. 멋진 모자도 하나씩 쓰고, 손가방까지 드니 그곳 원주민이 된 거 같았다. 함박웃음을 하고 기념사진을 찍었다.

잔지바르섬의 향신료 투어는 지금도 유명하다. 예약하지 않으면 못 가는 곳이 적지 않다고 한다. 우리가 갔던 곳은 오랜 연륜이 쌓인 곳은 아닌 듯했다. 아직 설익은 열매가 많았고, 나무들도 대체로 작았다. 그렇지만 가볼 만한 향신료 투어였다. 두어 시간 재미있게 즐기면서 색다른 추억을 만들 수 있었다.

잔비아니로 가기 전 파제(Paje)에 들렀다. 잔지바르섬 동쪽 해안의 중간에 자리했다. 해변도 해변이지만 이름난 냉국수집이 거기 있었다. 일본인이 요리하는 일본식 냉국수였다. 아주 맛있다는 칭찬이 자자했다. 바삐 움직였다. 점심 장사가 벌써 끝나고도 남을 시간이었다. 야자수 숲 한가운데 레스토랑이 있었다.

손님이 우리밖에 없었다. 헌데 한참을 기다려도 주문한 음식이 나오지 않았다. 언제 가져다준다는 소식도 없고, 허기진 배는 주책맞게 아우성을 표했다. 멍하니 앉아만 있자니 시간이 아까웠다. 주위를 한 번 돌아보기로 했다. 파제 해변으로 나갔다. 썰물로 빠져나간 자리가 잔지바르의 뜨거운 열기에 바짝 말라 있었다.

메마른 백사장엔 조각배 한 척만 덩그렇다. 중심을 잡지 못하고 옆으로 누운 모습이 왠지 처량하고 쓸쓸해 보였다. 멀리서 바라보니 백사장과 조각배 색깔이 비슷했다. 새파란 하늘과 선명히 대비되
었다. 그림 같은 장면을 카메라에 담을 수
있었다. 백인 남녀 한 쌍이 자전거를 타고
바닷물이 쓸려나간 모래 위를 지나갔다.
두 개의 선이 길게 그어졌다. 모래가 곱디고왔다. 우리도 천천히 맨발로 걸으며
발자국을 남겼다.

레스토랑 뒷마당으로 돌아왔다. 현지인 한 명이 수십 미터 야자수 꼭대기에서
우리에게 손을 흔들어주었다. 역시나 코코넛을 따고 있었다. 내려와서는 부지런히
코코넛 껍질을 벗겼다. 아까 향신료 투어에서 봤다고 10살 민준이가 아는 척을
했다. 양 옆구리에 손을 올리더니 짝다리까지 짚고 열심히 구경했다. 바로 옆에서
폼을 잔뜩 잡고 쳐다보는 모습이 귀여웠다.

배고파 죽기 직전에 냉국수가 나왔다. 허겁지겁 젓가락질을 했다. 머나먼 아프리카에서 소면을 먹다니.... 덥고 습한 잔지바르섬에서 먹은 냉국수는 맛이 기가 막혔다. 상큼하고 개운한 냉국수 한 그릇에 기다리다 상한 기분이 싹 가시었다. 식사를 마치고 나오니 그새 밀물이 들어와 있었다. 처량했던 조각배는 자신의 존재 이유를 되찾은 듯했다. 바다에 둥실둥실 떠서 여유로움을 마구 뿜어냈다.

다시 차를 몰아 잠비아니로 내려왔다. 잔지바르섬의 동쪽 해안 저 아래에 있는 지역이었다. 말라이카 게스트하우스(Malaika Guesthouse)에 짐을 풀었다. 많은 일본인이 이용하면서 한국인에게까지 입소문이 난 곳이었다. 사흘간 머물기로 했다. 잠비아니의 바다도 아름다웠다. 평온하다, 한적하다는 말이 절로 나왔다.

자연을 통해 주신 양식, 성게알 비빔밥

3월 22일 -

잘 자고 일어났다. 조금 피곤했지만 기분 좋은 아침이었다. 전날 저녁에는 오랜만에 거한 밥을 먹었다. 말라이카 게스트하우스에 묵은 손님이 우리 말고 일본인이 한 명 더 있었다. 그 일본인이 저녁밥을 지었다. 혼자 세계를 돌아다니는 배낭여행객이었다. 일본에서 이탈리아 음식을 만드는 요리사로 일했었단다.

맹물이 아닌 코코넛 과즙을 부어 안쳤다. 밥이 달달하면서 간간했다. 소금간도 한 것 같았다. 게스트하우스 주인은 하지 아저씨였다. 밥공기에 꽉꽉 눌러 수

북이 퍼담아주었다. 정말 고봉밥이었다. 홀로 여행하는 사람이 주로 오다 보니 밥이라도 푸짐하게 내어주는 모양이었다. 반찬이라고 할 게 딱히 없었는데도 배가 불렀다.

아내와 보경이는 게스트하우스에서 평화로이 쉬기로 했다. 이게 얼마 만에 누리는 여유냐며 두 모녀가 행복해했다. 매일같이 짐 싸 들고 움직이는 게 일상이 되다 보니 이제는 어디 가지 않고 가만히 쉬는 게 달콤한 휴가처럼 여겨졌다. 나와 민준이는 씨익 웃으며 나갈 채비를 했다. 부자끼리 피싱 투어를 즐길 생각에 들떠 있었다.

전날 파제 해변에서 봤던 조각배와 똑같은 배였다. 폭이 굉장히 좁았다. 편하게 엉덩이를 붙일 데가 없었다. 어정쩡하게 걸터앉아 바다로 나갔다. 실컷 회 먹는 장면을 떠올리며 신이

났었는데 기대했던 것만큼 물고기가 잘 잡히지 않았다. 바다낚시를 좋아하는 민준이였는데 손맛을 느끼지를 못하니 지루함을 감추지 못했다.

따분한 민준이를 위해 배 주인이 물안경과 오리발을 내어주었다. 시무룩하던 민준이 얼굴에 금세 활기가 돌았다. 시원하게 물속을 드나들더니 삐죽삐죽 성게를 건져 올리는 재미를 붙였다. 쓰고 갔던 모자에 성게를 가득 채웠다. 내 손에 들린 건 작은 물고기 일곱 마리가 다였다. 그중 네 마리는 배 주인이 잡아서 건네준 거였다.

숙소로 돌아가다가 같이 묵었던 일본인을 만났다. 이런 성게는 못 먹는다며

자기가 잡아 온 성게를 보여주었다. 큼직한 바구니에 한가득 담겨 있었다. 쩝쩝 입맛을 다실 수밖에 없었다. 두세 점씩 맛볼 만큼만 회를 뜨고 나머지로 매운탕을 끓였다. 하지 아저씨가 밥과 미역튀김을 식탁에 올렸다. 일본인은 성게를 깨끗하게 손질해서 한 접시 내놓았다. 성게알을 밥에 넣어 비벼 먹었다. 한일 합작으로 준비한 맛있는 저녁이었다.

3월 23일 -

아버지가 주신 예배 순서지로 예배드리고 난 후 일본인과 성게를 잡으러 나갔다. 전날 빈손으로 돌아오다시피 해서 아쉬움이 컸다. 배 타고 나갈 필요 없이 바다로 조금만 걸어 들어가서

발 담그고 주우면 되었다. 수초 사이사이에 성게가 몸을 숨기고 있었다. 건져 올리는 재미가 쏠쏠했다. 한 시간 정도 지났을까? 성게로 꽉 찬 바구니를 보니 흐뭇했다.

점심때가 되었는지 배

꼽시계가 요동쳤다. 태양도 이글이글 타오르는 듯했다. 슬슬 숙소로 발걸음을 옮겼다. 현지인들도 해변 저편에서 우리처럼 뭔가를 부지런히 집어 담고 있었다. 큰 힘 들이지 않는데도 간단한 먹거리가 해결되는 게 신기했다. 내가 심지

도 않았고, 키우지도 않은 것을 거저 얻었다. 숙소에 도착하자마자 한일 합동으로 성게를 손질했다. 하나님이 자연을 통해 주신 감사한 양식이었다.

오후에 다시 파제 해변으로 향했다. 지도를 보면서 대충 눈짐작으로 차를 몰았다. 뉴욕타임즈가 선전한 '죽기 전에 가봐야 할 레스토랑'이 파제에 있다고 했다. 지도에 적힌 지

점을 지나친 것 같은데 이정표가 나타나지 않았다. 내심 불안했지만 계속 올라가 봤다. 몇 분 뒤 〈THE ROCK〉이라는 글자가 보였다. 나무판에 검은색으로 크게 새겨져 있었다.

오른쪽으로 가라고 표시된 화살표도 반가웠다. 얼마나 근사한 곳이길래 꼭 가보라 하는지 다들 기대하고 있었다. 청명한 에메랄드빛 바다가 우리를 반겼다. 파도 소리와 바다 내음도 귀와 코를 기분 좋게 간지럽혔다. 드넓은 모래사장에 육중한 바위 하나가 덩그러니 놓였다. 아파트 2층 높이 정도 되었다. 주변을 한 바퀴 도는데 걸어서 20~30초면 충분할 것 같았다.

평평한 바위 위에 레스토랑을 올렸다. 그래서 이름이 〈THE ROCK〉이었다. 면적이 넓지 않아 대부분을 레스토랑이 차지했다. 깜찍하고 예쁜 건물이었다. 물이 빠진 썰물 때는 두 발로 드나들고, 밀물이 들어오면 조각배를 타고 왔다 갔다 한단다. 파도가 레스토랑을 덮치는 경우는 거의 없는 모양이었다. 어떻게 바닷가

에 저런 바위가 남아 있고, 그 위에 레스토랑을 짓겠다고 생각했는지 계속 신기해
하면서 쳐다봤다.

입구에 들어서자마자 와이파이가 가능하다는 안내판이 보였다. 2인용 식탁 20여 개가 줄 맞춰 놓여 있었다. 점심시간 끝 무렵이어서인지 사람들로 넘쳐났다. 거의 유럽 사람들인 거 같았다. 실내를 지나 건물 밖으로 나갔다. 바다 쪽에 발코니 겸 뒷마당이 있었다. 맘껏 바다를 바라볼 수 있게 푹신한 소파를 여러 개 놓아두었다.

바닷바람이 시원하게 불어왔다. 정말 경치가 끝내줬다. 가까운 바다는 에메랄드 빛이고 더 멀리는 코발트 색이었다. 아름다움에 취했다는 말이 어떤 뜻인지 알 거 같았다. 햇빛이 강렬해 실외는 피하려 했는데 오히려 더 만족스러웠다. 음료수 넉 잔을 시키고 계속 같은 자리에 머물렀다. 죽기 전에 와보길 잘했다고 자화자찬 했다.

시간이 지나자 해가 조금씩 내려앉으며 그늘이 생겼다. 점심 영업이 마무리되었는지 손님들도 거의 빠져나가고 없었다. 시끌벅적했던 실내가 차분한 분위기로 바뀌었다. 서서히 밀물이 들어왔다. 현지인이 사람을 태우려 조각배를 움직여 오고 있었다. 노가 아닌 기다란 장대를 사용했다. 우리는 첨벙첨벙 바닷물을 발로 차며 걸어 나왔다. 성게알 비빔밥을 또 먹을 생각에 걸음이 빨라졌다.

돌고래와 수영하기, 돌핀 투어

3월 24일 -

말라카이 게스트하우스에 도착한 날 하지 아저씨께 돌고래 투어(Dolphin Tour)를 어떻게 할 수 있느냐고 물어봤다. 아는 가이드가 있다며 소개해주겠다는 답을 얻었다. 아침 8시 부지런히 짐을 싸서 키짐카지(Kizimkazi) 해변으로 떠났다. 잔지바르섬 남쪽 해안의 왼쪽 끄트머리였다. 돌고래 투어를 즐기려는 사람들이 찾는 곳이었다.

예약해 놓았으니 가서 찾으면 쉽게 만날 수 있을 거라고 하지 아저씨가 귀띔해주었다. 자동차 창문을 두드릴 거라는 설명도 곁들였다. 호객꾼이 많다는 뜻이었다. 가이드 이름만 받고 무작정 키짐카지로 향했다. 전화번호도 없었고, 어떻게 생긴 지도 몰랐다. 지도를 들여다보며 겨우겨우 해변 입구에 다다랐다. 아니나 다를까 영양 한 마리가 지나가면 하이에나 수십 마리가 뒤쫓는 것처럼 사람들이 우르르 몰려들었다.

당황해하지 않고 가이드 이름을 불렀다. 그러자 일제히 자기가 그 사람이라며 얼굴을 들이밀었다. 물어보면 눈 한번 깜빡이지 않고 다 같은 이름을 댔다. 어제 자기가 통화한 게 맞다. 그 사람은 어제 죽었다. 별의별 말이 다 들렸다. 그 이름을 가진 가이드가 정말 있는지 의심이 들 정도였다. 결국 한 사람이 끝까지 남았다. 한쪽 다리가 불편해 보였다. 코끼리병에 걸려 퉁퉁 부은 다리를 이끌고 우리를 맞으러 나온 거였다.

돌고래 투어로 유명한 곳이어서 관광지답게 꾸며져 있을 줄 알았는데 그냥 시골 어촌이었다. 한강유람선까지는 아니어도 나름 큰 배가 기다리고 있을 거라는 기대도 여지없이 빗나갔다. 조각배보다 약간 더 큰 모터보트였다. 우리 가족에 영국에서 온 가족까지 7명이 같은 배에 탔다. 부모와 딸 사이가 좋아 보였다.

20분가량 시간을 들여 망망대해로 나갔다. 돌고래 떼가 자주 출몰하는 지점으로 가는 거란다. 사방이 수평선이었다. 세렝게티에서 그랬던 것처럼 여러 배가 모여 있었다. 돌고래가 배 옆을 지나

거나 바다 위로 점프하는 모습을 가까이서 구경하는 것으로 생각했는데 갑자기 스노클링 장비를 내주었다. 헌데 하나 같이 낡고 오래되었다. 오리발 끝이 다 닳아 있었다. 제짝이 없이 한 짝만 남은 것도 많았다. 적당한 것을 고르느라 애를 먹었다.

돌고래들이 바다 밑에 모습을 비
치자 선장이 지금 뛰어내리라고 소리
쳤다. 영국 청년이 거침없이 물속으로
몸을 던졌다. 잠시 뒤 물 밖으로 얼굴
을 내밀더니 "Wonderful!"을 외쳤다.
그리고 배의 옆모서리를 잡고 가뿐
하게 다시 올라탔다. 나와 민준이도 용기를 냈다. 아내와 보경이는 두 손을 절레
절레 저었다. 칠흑같이 시커먼 심해여서 겁이 났단다. 바다 수영에도 아직 익숙지
않았다.

물속에서 바라보니 바다는 돌고래들의
놀이터였다. 저만치 아래서 어미 돌고래와
새끼 돌고래가 서로 몸을 비비며 지나갔다.
나와 민준이에게 장난이라도 치고 싶었는지
손을 뻗으면 닿을 정도로 가까이 왔다 간 녀석
도 있었다. 어마어마하게 빨랐다. 헤엄친다

는 말로 모자랐다. 물속에서 날아다닌다는 표현이 훨씬 더 어울릴 것 같았다.

무리 지어 다니던 대여섯 마리가 어느 순간 일직선을 만들어 바다 위로 향했다.
나선형으로 빙글빙글 돌면서 빠르게 올라갔다. 친한 친구들끼리 흥겹게 노는 모습
으로 보였다. 장관이었다. 그러고는 물 밖으로 잠시 사라졌다가 차례대로 다시
입수했다. 수중카메라에 담았다. 사람들이 배에서 접하는 돌고래의 점프는 또래
놀이의 마지막 세리모니였다.

돌고래들이 멀리 가버리고 나서 배에 올라 쉬었다. 돌고래가 바다 위로 모습을 내보이면 모터를 틀고 쫓아가서 뛰어들기를 반복했다. 나는 한 번 들어갔다 나오고서 녹초가 되었다. 배 옆에 걸쳐놓은 사다리를 타고 올라오는 것도 힘에 부쳤다. 워낙 물을 좋아하는 민준이는 돌고래와 수영하는 게 재밌다며 계속 물에 들어갔다. 어린애 혼자 망망대해에서 놀게 내버려 둘 수 없었다. 같이 뛰어들어야 했다.

영국 청년이 돌고래가 내는 소리를 들었냐며 민준이게 물었다. 돌고래가 지나 갈 때 가만히 귀 기울이니 정말 기계음 비슷한 소리가 물속에서 울렸다. 아까 저쪽 에서 봤던 꼬마애라고, 이번에도 아빠랑 같이 왔다고, 그런데 아빠가 힘들어한 다고 자기들끼리 뭐라 뭐라 얘기하며 놀아주는 것 같았다. 기억에 남는 돌고래 투어였다.

　오후에 스톤타운으로 재입성했다. 스톤타운 곳곳을 눈에 담으며 잔지바르섬
에서의 마지막 시간을 보냈다. 성공회 교회(The Cathedral Church of Christ)
로 갔다. 잔지바르섬은 19세기 초까지 동아프리카에서 가장 큰 노예시장이자
향신료 무역의 거점이었다. 아랍과 인도, 서구 상인들이 동아프리카 전역에서 흑인
들을 마구 잡아와서 이곳에서 생산하는 각종 향신료와 맞바꾸었다고 한다.

　1873년 노예제도가 폐지된 후 영국 성공회에서 지난 잘못을 회개하는 뜻으로
노예시장 자리에 교회를 세웠다. 교회 바로 옆은 노예무역 역사관이었다. 노예
들을 가둬두었던 눅눅한 지하실과 노예들을 거래하기 위해 잔인하게 묶어서 진열
했던 공간을 볼 수 있었다. 사람을 사람이 아닌 짐승처럼 대하고 물건 취급하며
사고팔았다. 상상만 해도 끔찍했다.

　늦은 점심을 먹으려 들른 카페가 무척 맘에 들었다. 저렴하고 맛있는 카페 골목

을 마지막 날 발견해서 못내 서운했다. 미로 같은 골목도 다시 누볐다. 잔지바르 사람들의 진솔한 모습이 고스란히 담겨 있는 듯했다. 스톤타운의 노을은 여전히 멋졌다. 매번 그랬지만 다음 여정을 떠나기 전에 늘 아쉬운 마음이 가득했다.

"아름다운 잔지바르, 또 오고 싶을 거야! 탄자니아 안녕!"

7

이집트

Bucket List
온 가족 킬리만자로 등정
이집트 사막 투어
온 가족 다이버 자격증 취득

4500년 세월을 버텨온 기자 피라미드

3월 25일 -

오전 6시 30분 카이로 국제공항(Cairo International Airport)에 도착했다. 전날 밤 일찌감치 다르에스살람공항에 가 있었다. 잔지바르섬과 다르에스살람을 오가는 정기여객선을 이용하려다 말았다. 정기여객선이 운항 중 좌초되어 침몰하는 사고가 전년도에만 네 번이나 일어났단다. 탑승객 전원이 사망한 적도 있다니 아무래도 주저하게 되었다.

저녁에 스톤타운에서 그곳 국내선을 타고 다르에스살람으로 넘어갔다. 침몰사고에 대한 걱정도 건너뛰고, 택시강도도 피했다고 좋게 생각하기로 했다. 다른 데로 가지 않고 공항 안에서 시간을 보냈다. 새벽 1시 40분 쏟아지는 졸음을 내쫓으며 이집트항공(Egypt Air)에 몸을 실었다. 다섯 시간의 비행 뒤 이집트의 수도 카이로(Cairo)에 발을 내디딜 수 있었다.

당시 이집트는 어수선한 시국을 보내고 있었다. 수년 전 이웃 나라 튀니지에서 일어난 자스민혁명이 이집트에도 영향을 미쳐 30년간 군림해오던 독재정권이 막을 내렸다. 이어 새로운 대통령이 세워졌지만 3년이 채 못 되어 쿠데타가 발발해 군부정권이 집권하는 등 혼란함이 되풀이되고 있던 때였다. 이집트를 찾는 관광객도 거의 없었다.

한인 민박을 예약해 놓고 공항으로 마중 나와달라고 부탁했다. 한인 민박이 다른 숙소에 비해 비싸긴 해도 말이 통한다는 큰 장점이 있었다. 택시를 잡아타고 주소를 알려주며 가는 것보다 훨씬 편안하게 숙소에 닿을 수 있었다. 일단 짐을 풀고 쉬었다. 한숨 돌리고 나니 오전 10시였다. 바로 피라미드 투어에 나섰다.

민박집에서 현지인 가이드를 붙여주었다. 이름은 우디. 한국말을 굉장히 잘했다. 대학교에서 한국어를 전공했단다. 우리나라에 한 번도 가본 적이 없는데도 우리와 대화하고 소통하는 데 전혀 문제가 없었다. 벤츠 버스가 대기하고 있었다. 11명까지 탑승할 수 있는 버스에 우리 가족과 가이드, 운전기사 이렇게 6명이 타고 움직였다.

기자 피라미드(Giza Pyramid) 지구로 향했다. 이집트를 아래위로 가로지르는 강이 바로 나일강이다. 나일강의 서쪽을 서안, 동쪽을 동안이라고 불렀다. 이집트 사람들은 나일강을 중심으로 해가 뜨는 동쪽을 생명의 땅, 해가 지는 서쪽을 죽음의 땅으로 여겨왔다고 한다. 그래서인지 도시와 주거지는 동안에, 무덤과 묘지는 서안에 주로 형성되어 있었다.

기자 피라미드 지구는 서안에 자리하고 있었다. 카이로 도심에서 서남쪽으로 내려가야 했다. 호객꾼들이 몰려드는 건 이집트에서도 마찬가지였다. 가이드 우디가 나서서 막아주고 견제해주었다.

우디가 일러준 대로 무시하고 계속 걸어가니 하나둘씩 알아서 떨어져 나갔다.

입장료를 지불하고 간단한 짐 검사를 받았다. 공항의 보안 심사대를 통과하는 것과 비슷했다.

입구를 지나치니 거대한 피라미드 3개가 눈앞에 펼쳐졌다. 가운데가 이집트 4대 왕조 쿠푸(Khufu) 왕의 피라미드였다. 주전 2560년경에 세워졌단다. 뒤쪽이 그의 아들인 카프레(Khafre) 왕, 제일 앞에 보이는 게 손자인 멘카우레(Menkaure) 왕의 피라미드였다. 쿠푸 왕의 피라미드에는 대피라미드(The Great Pyramid)라는 별칭이 붙었다. 이집트에서 가장 크고, 가장 오래된 피라미드이기 때문이었다.

한참을 걸어 쿠푸 피라미드 앞으로 갔다. 가까워질수록 피라미드의 엄청난 규모가 더욱 실감 났다. 피라미드 바로 앞에 붙어 서 있는 사람이 코딱지만 하게 보일 정도로 어마어마한 크기였다. 하나에 2.5톤 무게가 나가는 사각 돌을 무려 230만 개나 쌓아 올렸다고 한다. 돌 하나가 11살 민준이보다 컸다. 눈대중으로 세어보니 그만한 돌이 100층은 되어 보였다. 피라미드 높이가 140m라고 하니 얼추 맞는 것 같았다.

피라미드가 고대 이집트 왕들의 무덤이긴 한데 안타깝게도 안에는 남은 게 아무것도 없다고 우디가 말했다. 누군가 다 빼내어 갔다는 설명을 곁들였다. 서구 열강과 도굴꾼들을 가리키는 말이었다. 그들이 유물을 약탈하기 파냈던 구멍은 아이러니하게도 관광객들이 피라미드 내부를 관람하는 통로로 사용하고 있었다.

고대 이집트 역사는 고왕국, 중왕국, 신왕국 시대로 구분된다. 신왕국 후기 때 알렉산드로스 대왕이 이집트를 정복하면서 대략 275년간 외세의 통치를 받았다. 그러다 보니 이집트 곳곳에 그리스 문화의 흔적이 짙게 배어 있다. 이집트 왕조와 그리스 왕조의 자취는 확연히 다르지만 동일한 이집트 문화로 바라보고 있다는 게 우디의 설명이었다.

멤피스박물관(Memphis Museum)에 들렀다가 숙소로 돌아왔다. 람세스 2세 석상의 크기가 어마무시하게 커서 놀랐다. 신라면에 밥을 말아 먹으며 이집트에서의 첫날을 마무리 지었다.

　간 큰 가족의 우당탕탕 세계여행

쓰레기를 치우며 신앙을 지켜온 콥트교도

3월 26일 –

카이로 시내로 핸들을 돌렸다. 4천 년도 더 된 유물이 이집트 고고학박물관 (Egyptian Museum)에 보존되어 있다고 했다. 이집트 고고학박물관은 19세기 중반 프랑스 고고학자인 오귀스트 마리에트(Auguste Mariette)가 이집트 문화재의 해외 반출을 막기 위해 세웠다고 한다. 본래 1863년 카이로 교외의 블라크(Boulaq)에 지어졌다가 1902년 카이로 도심으로 터를 옮겨왔다. 문화재 지킴이 역할을 자처한 외국인의 노력이 결실을 보게 된 거였다.

피라미드를 보러 갔을 때처럼 보안검색대를 거쳤다. 어릴 적 교과서에서 봤던 문화재가 널려 있다시피 했다. 유심히 감상할 게 산더미였다. 헌데 착잡한 마음이 들었다. 런던의 대영박물관이나 파리의 루브르박물관에 소장된 이집트 유물이 훨씬 더 방대했다. 그 유명한 로제타 스톤(The Rosetta Stone)은 실물 대신 사진으로 전시되어 있었고, 나르메르 팔레트(The Narmer Palette)는 진품이 아닌 복제품이었다.

왠지 허술하다는 느낌도 지울 수 없었다. 현지 어린이들이 은근슬쩍 문화재에 기대고 만져도 누구 하나 제지하려 하지 않았다. 신경 써서 전시해 놓았다기보다 대충 벌려놓고 방치하고 있다는 인상이 강했다. 투탕카멘의 황금가면은 별도의 입장료를 내야 볼 수 있었다. 나중에 대영박물관에서 전시하면 그때 공짜로 보자고 애들한테 말하고 나왔다.

점심으로 이집트의 전통 음식이자 대표적인 서민 음식인 코사리(Koshari)를 먹으러 갔다. 밥, 렌틸콩, 양파, 마카로니를 한데 넣고 그 위에 빨간 토마토소스를 부었다. 비빔밥처럼 숟가락으로 쓱싹쓱싹 비벼서 떠먹으면 되었다. 한 그릇에 5파운드였다. 한화로 800원이 조금 안 되는 가격이었다. 이집트에 머무는 동안 열 번 정도 코사리를 사 먹었다. 그날 처음 맛본 코사리가 가장 맛있었다.

오후 일정은 카이로 동남쪽에 있는 모까땀(Mokatam) 언덕에서 시작했다. 모까땀은 아랍어로 '잘려 나갔다'라는 뜻이란다. 원래 그 지역은 돌산이었다. 피라미드를 지을 때 건축재료를 공급하는 채석장으로 쓰이면서 지금의 모습을 갖게 되었다고 한다. 그곳의 쓰레기 마을(Garbage City)로 갔다. 이른 아침부터 쓰레기를 가득 실은 차량이 끊임없이 마을로 들어섰다. 카이로에서 나오는 쓰레기 5분의 4가 모이는 곳이었다.

이집트 인구의 90%는 무슬림이고, 나머지 10%가 기독교인이다. 기독교인 열 명 중 아홉 명이 콥트교(Coptic Church) 교인이란다. 쓰레기 마을 주민 대부분이 손목이나 이마에 작은 십자가 문신을 새겼다. 정사각형에 가까웠다. 자신이 콥트교임을 나타내는 그림이었다. 집집마다 예수님 초상화가 걸려 있다는 얘기도 들을 수 있었다.

콥트교도들이 쓰레기 마을에 거주하게 된 데에는 아픈 사연이 있었다. 7세기 중반 이집트가 이슬람 국가가 되면서 힘겹게 믿음을 지켜온 콥트교도들에게 더 많은 박해가 가해졌다. 개종을 강요받지 않는 대신 쓰레기를 치우며 살게 되었다고 한다. 새벽부터 늦은 밤까지 쓰레기를 풀어헤치는 게 그들의 일상이었다. 플라스틱, 옷가지 등 쓰레기를 종류별로 분리한 다음 재활용이 가능한 것을 내다 팔아 생계를 유지하고 있었다.

차를 타고 천천히 지나가며 쓰레기 마을을 구경했다. 커다란 쓰레기 자루가 쌓여 있지 않은 곳이 없었다. 길가, 골목 할 거 없이 온통 쓰레기 더미였다. 버스 창문을 절대 열지 말라고 우디가 주의를 단단히 주었다. 음식물 쓰레기를 분리 배출하지 않는 이집트였다. 일반 쓰레기와 음식물 쓰레기가 뒤섞여 있어서 악취가 상상을 뛰어넘는다고 했다.

　음식을 파는 식당과 길거리 가판대가 간혹 보였다. 닭고치를 굽고, 과일을 깎아서 내놓는데 주위에 파리떼가 들끓었다. 우리가 탄 버스 창문에도 파리가 시커멓게 달라붙었다. 심한 곳은 너무 득실득실해서 시야를 가릴 정도였다. 쓰레기 냄새가 차 안에 살짝 스며들어왔다. 손으로 입을 틀어막고 겨우 참았다. 창문이 아주 조금만 열려 있었어도 큰일 났을 거란 생각이 들었다. 위내시경 검사를 받을 때처럼 괴롭게 토악질할 것 같았다.

　쓰레기 마을의 뒷산으로 향했다. 꼭대기에 동굴 교회가 있었다. 쓰레기 마을과 한참 떨어져 있는데도 거기까지 악취가 올라왔다. 동굴 교회가 세 군데에 있는데 우리가 간 곳은 그중 가장 크다는 성시몬교회였다. 동굴 제일 안쪽이 강대상 자리였다.

원형극장처럼 의자를 둥글게 배치해 놓았다. 강대상을 위에서 아래로 내려다보는 구조였다. 대충 봐도 수천 명은 족히 앉을 만큼 넓었다.

　몇몇 관광객이 앞에서 예배하고 있었다. 동남아 쪽에서 온 듯했다. 우리 가족도 제일 앞자리로 갔다. 무려 1300년 동안 온종일 쓰레기와 씨름하며 신앙의

자유를 지켜왔다. 숭고한 예배 처소
였다. 콥트교도들을 위해 중보하
고, 찬양을 올려드렸다. 수요일이
었다. 저녁때가 아닌 오후 한낮에
가족끼리 수요예배를 드리게 되었

다. 모일 수 있는 예배당이 있고, 모여서 예배할 수 있음이 감사했다.

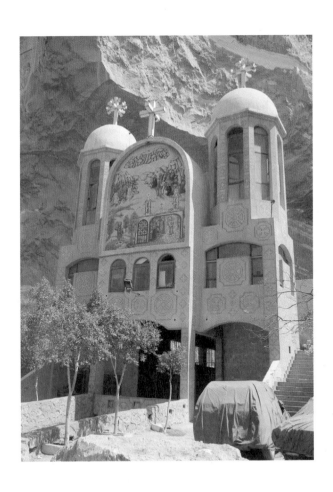

콥트교의 성지 올드 카이로

동굴 교회에서 내려와 쓰레기 마을을 빠져나왔다. 살라딘 요새(Saladin Citadel)로 향했다. 살라딘 요새는 1176년부터 1183년까지 8년에 걸쳐 세워졌다. 십자군 전쟁으로부터 카이로를 보호하기 위함이었다. 이후 600년이 넘는 기간 통치자들이 이곳을 거주지로 삼았다. 한때 이집트를 점령했던 프랑스군과 영국군의 주둔지로 쓰이기도 했다.

모까땀 언덕에 터를 잡았다. 성시몬교회는 모까땀 언덕의 동쪽에 자리했다. 살라딘 요새가 서 있는 곳은 반대편 서쪽이었다. 요새에 오르니 카이로 시내가 한눈에 내려다보였다. 도시

를 굽어보는 전략적으로 매우 중요한 장소라는 것을 대번에 알 수 있었다. 이슬람 지도자들은 요새 안에 모스크를 짓고 통치 기반을 공고히 하려고 했다. 네 개의 모스크 중 무함마드 알리 모스크(Mosque of Muhammad Ali)는 살라딘 요새와 함께 카이로의 아이콘으로 자리매김했다.

살라딘 요새에서 카이로 도심을 바라보는데 우디가 저만치에 보이는 술탄 하산 모스크(Mosque of Sultan Hassan)를 가리켰다. 전에 어디에선가 읽었던 내용이 떠올랐다. 전날 봤던 기자 피라미드는 돌을 계단 형식으로 쌓아 올린 모습이 훤히 드러나 있었다. 원래는 그렇지 않았다. 세면 모두 맨 밑바닥부터 맨 위 꼭짓점까지 시멘트를 발라 놓은 듯 매끈했다고 한다. 계단식으로 쌓은 후 또 다른 돌을 덧씌워 평평하게 만든 거였다.

기자 피라미드의 표면이 울퉁불퉁해지고 거칠어진 건 14세기 중반 무슬림들이 겉에 붙어 있던 돌을 전부 해체했기 때문이었다. 술탄 하산 모스크의 건축재료로 사용했다. 이슬람 교리를 가르치는 신학교를 짓기 위해서였다. 많은 전문가가 문화재를 뜯어다가 문화재로 만들었다고 평한다. 대피라미드의 윗부분에는 겉면을 떼어내지 않은 예전 모습이 남아 있다.

살라딘 요새에서 남쪽으로 내려오다 보니 올드 카이로(Old Cairo)에 닿아 있었다. 나일강이 가까웠다. 올드 카이로는 지금의 카이로가 시작된 곳이다. 파티마 왕조가 이집트를 지배하면서 이 지역을 새로운 중심지로 삼았다. 그때가 969년이었다. 살라딘 요새가 세워지기 대략 200년 전이었다. 하지만 그보다 더 오래전부터 많은 콥트교도가 올드 카이로 지역에서 생활하고 있었다.

이집트가 로마제국의 속주로 편입되었던 시기에 카이로 지역은 로마 군대의 주둔지였다. 640년 이집트가 이슬람 세력에게 넘어가고 로마 군대가 퇴각하자 기독교인들은 로마 군인들이 머물렀던 성채로 들어가 몸을 피했다. 바벨론 성채였다. 성채의 일부를 올드 카이로에서 볼 수 있었다. 올드 카이로를 콥틱 카이로(Coptic Cairo)라고 부르기도 한단다. 콥트교의 성지로 여겨질 만큼 올드 카이로에는 이집트의 기독교 유적이 즐비했다.

성조지교회(Saint George Church)는 로마 군인이었던 성 조지(St. George)를 기념하기 위해 지어졌다. 기독교탄압칙령을 실행한 로마 황제 디오클레티아누스(Diocletianus)에 의해 순교를 당했다. 4세기 초였다. 기독교인들을 숨겨주지 말라는 그의 명령을 거역했기 때문이었다. 수백 년이 지난 10세기에 성조지교회를 건축했다. 1904년 화재 후 재건에 착수해 1909년 지금의 모습으로 완공했다.

성조지교회의 후문으로 나왔다. 지하로 내려가는 계단이 이어졌다. 골목 한쪽 벽에 물건을 파는 가판대가 쭉 늘어져 있었다. 그 길을 따라 예수피난교회 (St. Sergius and St Bacchus Church) 의 입구에 다다랐다. 요셉이 마리아와 아기 예수를 나귀에 태우고 나일강가를 지나는 부조물이 우리를 반겨주었다. 뒷배경으로 기자 피라미드가 표현되어 있었다.

예수피난교회는 로마의 관리였던 세르기우스와 바커스를 기리며 봉헌 했다. 4세기 중반 두 사람은 로마 황제 막시밀리안의 박해로 순교했다. 부하 중 누가 기독교인지 말하기를 거부해 갖은 고초를 겪었 다고 한다. 2000년 전 요셉

과 마리아는 헤롯왕의 핍박을 피해 갓 태어난 예수를 데리고 이집트로 도망 왔다. 그들이 잠시 숨어지냈던 동굴 위에 세운 교회였다. 5세기에 지어졌다.

열세 개의 기둥이 예배 처소 내부를 떠받치고 있었다. 예수님과 열두 제자를

상징하는 대리석 기둥이었다. 그중 한 개만 말끔한 흰색이 아닌 다듬지 않은 붉은 색이었다. 예수님을 배반한 가룟 유다를 뜻했다. 나는 잘 다듬어진 기둥인가? 잠시 묵상하며 천정을 올려다봤다. 노아의 방주를 거꾸로 뒤집어 놓은 모양으로 천정을 만들었다고 했다.

강대상 왼쪽에 지하동굴과 이어진 입구가 있었다. 좁은 계단을 타고 내려갔다. 길이가 6m, 높이와 폭은 2.5m 정도 되어 보였다. 촛대가 놓인 작은 탁자가 하나 있었다. 작은 예배당 같았다. 그곳에서 예수님과 부모가 몸을 숨기고 100일을 머물렀다고 했다. 엄숙한 분위기였다. 이 땅에 오셔서 고난을 받으신 예수님의 생애를 잠시나마 떠올려보지 않을 수 없었다.

예수피난교회에서 나와 30~400m 떨어진 모세기념교회(Ben Ezra)로 갔다. 바로의 딸이 아기 모세를 건져 올린 곳에 세워진 거라고 했다. 지금은 나일강의 수위가 낮아져 도로, 건물이 들어서 있지만 당시에는 나일강 변이었다고 한다. 모세가 출애굽 하기 전 마지막으로 기도한 장소로도 알려져 있었다. 사진 촬영을 엄격하게 금하고 있어 아쉬웠다.

이슬람 문화 한가운데서 꿋꿋이 믿음을 지키고 있는 사람들과 목숨 걸고 믿음을 지켜낸 흔적을 마주할 수 있었던 카이로였다.

바람 빛 모래가 빚어낸 예술, 사막 투어

3월 27일 –

내 버킷리스트 중 하나가 이집트 사막 투어였다. 이집트는 나라 땅 90%가 사막이고, 인구의 95%가 나일강 언저리에서 살고 있다고 들었다. 앞서 우리가 거쳐 온 아프리카 다른 나라보다 면적이 넓었다. 세상에서 가장 하얀 모래, 호수 같은 오아시스.... 사막의 다채로운 모습을 만끽할 수 있었다.

이른 6시 30분 지하철역으로 발을 뗐다. 카이로의 심장부에 있는 나세르 (Nasser)역에서 내렸다. 이집트 초대 대통령 이름이란다. 투르고만 버스 터미널(Turgoman Bus Station)이 가까웠다. 10분 정도 걸으니 금세

터미널 입구였다. 아침 8시 버스가 출발했다. 5시간 반 뒤에 닿은 곳은 바흐리야 (Bahriya). 카이로에서 서남쪽으로 370km 떨어진 사막이었다.

사막 투어를 예약해 놓았다. 마중 나온 기사가 기념품과 간단한 식품을 파는 어느 가게로 먼저 데리고 갔다. 안주인이 한인이었다. 점심으로 신라면을 끓여주었다. 언제 어느 곳에서든 맛있는 라면이었다. 흰 쌀밥도 말아서 한 방울, 한 톨

남기지 않고 야무지게 먹었다. 외국에서 몸이 안 좋거나 기운이 빠졌을 때 먹는 라면은 어떤 보약보다 반가웠다.

SUV 사륜구동 차량에 올랐다. 30분 정도 달리니 흑사막(Black Desert)이 나왔다. 사막은 사막인데 흔히 봐온 연갈색이 아닌 검은색이었다. 예전에 이 지역에서 화산이 분출되었단다. 잘게 부서진 현무암 조각으로 덮여 있는 거였다. 가까이 가서 보니 어른 주먹보다 큰 것도 있었다. 철분을 머금은 검은 화산암이 연출한 사막의 또 다른 모습이었다.

흑사막을 굽어볼 수 있는 데로 올라갔다. 광활한 사막에 검은색 산이 여기저기 솟아 있었다. 우리나라처럼 이어진 산이 아니었다. 작은 언덕이 하나가 생겼다가 평지가 나오더니 다시 다른 봉우리가 솟았다. 대충 보이는 거만 수십 개였다. 화산이었다는 거를 증명이라도 하듯 주상절리가 선명한 곳도 많았다. 눈을 뗄 수가 없었다.

1시간 정도 차로 사막을 가로질렀 다. 수정사막(Crystal Mountain)에 도착했다. 산 전체가 온통 크리스탈 천지여서 붙여진 이름이었다. 가까이 다가가니 정말 크고 작은 바위에 수정 이 엉겨 붙어 있었다. 슬쩍슬쩍 반짝 였다. 화산 열로 모래가 뜨거워지면 서 수정으로 변한 거라고 했다. 석영질 암석과 모래가 오랜 시간 섞이면서 만들어졌다는 말도 있었다.

심지어 바닥에도 수정이 굴러다녔다. 허리를 굽혀 살피면 금세 찾을 수 있었 다. 손톱보다 작은 거부터 손가락만큼 긴 것까지 크기도 가지가지였다. 다른 관광객들도 바닥을 훑어보느라 정신이 없었다. 기념으로 하나 가져갈까 했는데 가이드가 내 속마음을 읽었는지 가져가도 된다고 했다. 우리는 예쁘고 반짝이는 크리스탈을 열심히 찾았다.

저녁 무렵 백사막(White Desert)에 닿았다. 흑사막, 수정사막과 완전히 다른 풍경이었다. 소복이 눈이 쌓인 사막으로 보였다. 석회암 지대라서 그렇단다. 어릴 적 선생님이 교실에서 사용했던 분필 재료였다. 바람이 오랜 세월 변화무쌍하게 지나가며 크림색 바위들을 깎아냈다. 때론 빠르게 때론 느릿느릿 오고 가며 다듬고 문질렀다.

저마다 독특한 모양의 작품이 전시회 열 듯 진열되어 있었다. 높은 것은 무려 10m가 넘었다. 어떤 바위는 마치 낙타 조각상을 보는 듯했다. 또 다른 바위는 스핑크스를 빚어 놓은 것 같은 느낌을 자아냈다. 백사막의 핫플레이스인 머쉬룸 & 치킨 바위 앞에서 가족사진도 남겼다. 뿌연 모래바람이 만들어냈다고 하기엔 뭔가 부족했다. 사방이 경이로웠다. 하나님이 손보신 거라고 말할 수밖에 없었다.

간 큰 가족의 우당탕탕 세계여행

어느새 해질녘이었다. 하루의 마지막 빛이 사막의 땅끝에 붉게 내려앉았다. 백사막의 바위들도 검은 실루엣으로 옷을 갈아입었다. 광활한 사막 한가운데서 맞은 석양이었다. 가슴이 벅찼다. 기온이 뚝 떨어졌다. 얼른 두꺼운 옷을 꺼내 입었다. 가이드가 능숙한 솜씨로 모래 가림막을 설치하고 불을 피웠다. 가림막 안에 상을 펴놓고 준비한 음식을 올렸다. 화장실이나 샤워실은 따로 없었다. 모랫바닥에 철퍼덕 앉아 바비큐 파티를 즐겼다.

밤이 되자 믿을 수 없는 광경이 펼쳐졌다. 그렇게 별이 가득 수놓아진 밤하늘을 이제껏 본 적이 없었다. 금방이라도 쏟아질 듯이 촘촘히 박혀 있었다. 말도 안 된다고 자꾸 말하게 되었다. 뭇별을 바라보면서 가족들과 두런두런 많은 얘기를 나누었다. 친구들이 보고 싶고, 집이 그립지만 이렇게 엄마 아빠와 여행 다니니까 정말 좋다고 보경이와 민준이가 속삭여주었다.

저녁 먹고 남은 음식을 텐트에서 조금 떨어진 곳에 가져다 두었다. 밤에 사막 여우가 먹이를 구하러 왔다 갔다 한단다. 조용히 숨죽이고 있으면 〈어린 왕자〉에 나오는 사막여우를 가까이서 볼 수 있다고 했다. 피곤했는지 민준이와 사막여우를 기다리는데 자꾸 하품이 나왔다. 금세 텐트로 기어들어 갔다.

3월 28일 –

아침 일찍 눈을 떴다. 사막여우가
남은 음식을 먹고 간 흔적을 확인할
수 있었다. 총총걸음으로 돌아다닌
발자국도 선명했다. 백사막은 일출이
아름답기로 소문나 있었다. 6시 30분

일출을 감상하기 좋은 다른 지역으로 움직였다. 먼동이 트기 전 아직 어둑어둑한
사막은 또 다른 신세계였다. 다른 팀의 무슬림 가이드는 해 뜨는 쪽을 향해 기도
를 올리고 있었다.

지평선이 서서히 오렌지빛으로 변해갔다. 해가 떠오르기 직전인 거 같았다. 얼
마 뒤 눈부시게 밝은 연노랑 빛 동그라미가 고개를 내밀었다. 밋밋했던 하늘도
조금씩 본래 색을 되찾아 갔다. 파란 하늘과 하얀 사막이 말끔히 대비되기까지
그리 오랜 시간이 걸리지 않았다. 무슨 말이 더 필요할까? 넋 놓고 백사막의 일출
을 바라보았다. 날이 밝자 온통 모래와 바위뿐인 사막에 생기가 도는 듯했다.

바흐리야로 왔을 때처럼 버스를 타고 카이로로 되돌아갔다. 투르고만 버스 터미널에서 다시 다른 버스에 올랐다. 아스완(Aswan)으로 향했다. 카이로에서 버스 길로 950km가량 떨어져 있었다. 15시간이나 걸리는 장거리 노선이었다. 버스에 화장실이 딸려 있었다. 거의 비행기 화장실 수준이었다. 바흐리야에서 카이로까지만 5시간 반이었다. 지칠 법했는데 다들 괜찮아서 다행이었다.

태양 숭배의 상징물 오벨리스크

3월 29일 -

아침 8시 아스완 버스터미널에 도착했다. 내 뒷자리에 앉은 승객이 멀미를 심하게 했다. 하도 토를 해대서 내내 기분이 언짢았다. 아무리 조심해도 냄새가 새어 나오기 마련이었다. 버스 안에서 저녁을 해결해야 했다. 먹는 중에도 우엑 소리가 들렸다. 덩달아 메스꺼워지려 했다. 잘 참았다. 얼굴 붉히지 않고 아스완까지 올 수 있었다.

우선 만수부터 찾았다. 이집트에서는 호객꾼들 이름이 전부 만수였다. 언젠가 한국 사람들에게 좋게 소문난 가이드가 만수르였단다. 한국 관광객들이 만수르만 찾았다. 친숙하게 그냥 만수라고 불렀던 모양이었다. "나 만수야!" 죄다 자기를 만수라고 소개했다. 할 줄 아는 한국말이 그거 딱 하나였다.

만수는 에이전트처럼 숙소와 가이드를 연결해주는 역할을 했다. 가이드 비용을 받는 것도 만수였다. 하루 일정이 끝나고 숙소에 갈 때가 되면 어김없이 저만치서 만수가 기다리고 있었다. 저렴한 숙소를 잡아달라고 부탁했더니 정말 형편 없는 데로 데려갔다. 우리 가족 넷이 하룻밤을 자는데 1만 원이 채 되지 않았다. 이집트에서는 맘만 먹으면 얼마든지 싸게 할 수 있다는 것을 그때 알게 되었다.

오전 11시 아스완 시내 투어에 나섰다. 우리를 태운 배가 아길키아 섬(Agilkia

Island)으로 뱃머리를 돌렸다. 나일강 물줄기를 거슬러 남쪽으로 조금 내려갔다. 멀리 필레 신전(Philae Temple)의 옆 모습이 보였다. 원래 필레 신전이 있던 곳은 필레 섬(Philae Island)이었다. 세로 380m, 가로 120m 정도 되는 작은 섬이었다고 한다.

1902년 아스완 로우 댐(Aswan Low Dam)이 건설되었다. 필레 섬도 수몰을 피할 수 없었다. 필레 신전은 1년 내내 몸통 3분의 1이 물에 잠긴 채로 서 있어야 했다. 유네스코의 도움으로 해체 작업에 들어갔다. 4만 조각으로 세분해서 인근의 아길키아 섬으로 고스란히 옮겼다. 1977년 착수한 필레 신전의 이전과 복구는 1980년에 마무리되었다.

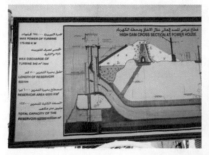

이집트 신화에서 오시리스(Osiris)는 풍요로움, 농사, 식물, 사후세계 등 여러 임무를 맡은 신으로 묘사되어 있다. 필레 신전은 오시리스의 아내인 이시스를 숭배하기 위해 지어졌다. 둘 사이에서 낳은 아들 호루스(Horus)는 태양의 신이 되었다. 이시스는 태양신의 모후로 이집트인들에게서 가장 많은 사랑을 받는 여신이었다.

두 개의 탑문(pylon)을 지나야 신전 안으로 들어갈 수 있었다. 높이 18m, 폭 45m로 제법 컸다. 성곽처럼 보였다. 두 군데 모두 여신 이시스와 그의 아들 후루스의 전신이 크게 새겨져 있었다. 모두 옆모습이었다. 고대 이집트의 최고 통치자였던 파라오(Pharaoh)가 이시스와 호루스에게 예물을 바치는 장면도 눈에 들어왔다.

고대 이집트에서는 필레 신전을 성지로 여겼다. 신전 내부는 부조로 가득했다. 벽은 물론 기둥에도 상형문자와 신들을 새긴 그림으로 빈틈이 없었다. 한때 필레 신전은 기독교 예배당으로 사용되었다. 곳곳에 콥틱교 십자가가 새겨져 있었다. 쓰레기 마을 사람들의 손목에 그려진 거와 같았다. 한쪽에 예배 제단이 남아 있는 것도 볼 수 있었다.

파리의 콩코드 광장에는 오벨리스크(obelisk)가 우뚝 서 있다. 런던의 템즈 강변, 로마의 조반니 광장, 이스탄불의 히포드롬 광장에서도 오벨리스크를 볼 수 있다. 모두 이집트에서 가져간 진품이다. 오벨리스크는 20~30m 높이의 사각형 기둥이다. 위로 올라가면서 좁아지는 모양을 하고 있다. 꼭대기에 이르면 작은 피라미드를 올려놓은 것처럼 꼭짓점 하나로 만난다. 그리스어로 오벨리스크는 못, 침, 뾰족한 기둥을 뜻한다고 한다.

필레 신전에서 나와 다시 배에 올랐다. 나일강 건너편의 아스완 채석장으로 자리를 옮겼다. 거대한 화강암 언덕 을 채석장으로 쓰고 있었다. 이집트의 오벨리스크는 모두  아스완에서 잘라낸 돌로 만들었다. 세계 여러 나라에 흩어져 있는 오벨리스크도 마찬가지였다. 오벨리스크의 고향 같은 데라고 할 수 있었다. 4000년 넘게 채석 해왔는데도 아직도 규모가 상당했다.

미완성 오벨리스크(Unfinished Obelisk)가 거기 있었다. 하셉수트(Hatshepsut,

BC 1508~1458) 여왕의 명으로 제작에 들어간 오벨리스크였다. 바닥에 붙어 있는 면만 떼어내지 못한 채로 길게 누워 있었다. 예전에는 일정한 간격으로 바위에 홈을 파낸 후 나무쐐기를 박았다. 쐐기에 물을 부어 나무가 팽창하는 힘으로 돌을 잘라냈다고 했다.

다이아몬드로 절단하는 요즘과 달리 당시에는 일일이 사람 손을 거쳐야 했다. 오벨리스크 주변으로 사람 한 명이 다닐 수 있는 통로를 깊이 파놓은 것을 볼 수 있었다. 완전히 떼어내기 위해 밑부분을 파 들어가던 중 누워 있는 윗면에 심각한 균열이 생기고 말았다. 이후 모든 작업이 중지되었다. 수천 년 동안 버려져 있던 이유였다. 미완성 오벨리스크의 길이가 42m에 달했다. 만약 완성되었다면 세계 최고 높이가 되었을 거라고 가이드가 설명해주었다.

고대 이집트인이 남긴 오벨리스크 가운데 가장 큰 것은 로마의 조반니 광장에 있다. 높이가 33.2m이다. 파리 콩코드 광장의 오벨리스크는 이집트 룩소르 신전 앞에 있던 거를 가져다 놓은 것이다. 22m에 225톤이나 되는 오벨리스크를 운반하기 위해 배를 새로 건조했다. 이어 배에 싣고 출항해 파리에 닿기까지 전부 4년이 걸렸다.

오벨리스크는 태양신앙의 상징물이다. 거대한 해시계이기도 했다. 이집트를 장악한 서구 열강은 오벨리스크를 자신의 수도로 옮겼다. 전쟁에서 승리했음을 나타내 보이기 위함이었다. 미완성 오벨리스크를 바라보는데 측은한 마음이 들었다. 금이 가지 않고 애초 계획했던 데로 세워졌다면 이집트인들은 더 복된 삶을 살았을까? 보경이도 민준이도 아니란다. 서구 열강은 저들의 태양신앙이 부러웠던 게 아니었을까? 내겐 그냥 돌덩어리로 보였다.

오후 4시경 이집트의 전통
돛단배인 펠루카(Feluccas)를
타러 갔다. 하얀 삼각형 돛을
달고 나일강을 유유히 오갔다.
나일강이 흐르는 방향과 바람이
부는 방향이 정반대여서 돛을
이용해 다닐 수 있는 거라고 했다. 본래는 나일강 변이 삶의 터전인 이집트인들
이 펠루카로 생필품을 실어 날랐단다. 지금은 관광객들을 태우고 나일강 이곳
저곳을 둘러보는 데 주로 사용하고 있었다.

카이로에서 봤을 때와 달리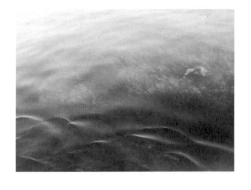
아스완의 나일강은 깨끗하고
맑았다. 4~5m 아래 강바닥의
수초가 살랑살랑 흔들리는 것
도 보였다. 나일강물은 그냥
마셔도 전혀 문제없다며 가이
드가 굉장히 자랑스러워했다. 약간의 허세도 들어 있었다. 한번 마셔보라고 찔러
보았다. 자부심을 무너뜨릴 수 없었던 모양이었다. 머뭇머뭇하더니 손으로 물을
떠서 마셨더랬다. 모터보트에서 나온 기름이 둥둥 떠 있었는데.... 잠시 서로 민망
해졌다.

키치너 섬(Kitchener's Island)에 들렀다. 섬 전체를 예쁜 영국식 정원으로 꾸며
놓았다. 나일강을 끼고 천천히 산책을 즐겼다. 이집트 군사령관과 총독을 지낸

영국의 키치너 경이 한때 섬의 소유주였다고 했다. 키 큰 나무들이 햇빛을 가려주었다. 이집트에서 보기 힘든 초록빛이 가득했다. 식물원처럼 품종이 다양했다. 우리나라의 외도처럼 이국적인 느낌이 물씬 풍겼다. 비밀의 정원에 와 있는 듯했다.

기분 좋게 펠루카에 다시 올랐다. 얼마 못 가 예상치 못한 문제가 생기고 말았다. 다른 동력 없이 순전히 바람만으로 움직이는 펠루카였다. 바람이 불지 않아 강을 거슬러 올라갈 수 없었다. 나일강 한가운데서 이러지도 저러지도 못하는 처지가 되었다. 마침 모터보트 한 대가 지나가서 도움을 청했다. 모터보트 뒤와 펠루카 앞을 밧줄로 연결했다. 바람이 아닌 모터보트가 끌어주는 펠루카를 타고 숙소로 돌아왔다.

하늘을 찌를 듯한 위세, 아부심벨 신전

3월 30일 -

새벽 3시 아부심벨(Abu Simbel)
로 출발했다. 아스완에서 남서쪽
으로 280km가량 떨어져 있었다.
전날 머물렀던 아스완은 아스완 주
(州)의 중심 도시였다. 아부심벨

도 같은 주에 속했다. 4시간을 달렸다. 이른 아침인데도 아부심벨 신전(Abu
Simbel Temple) 입구가 투어 차량으로 부산했다. 입장권을 끊고 진입로를 따라
걸어 들어갔다.

나일강을 오른쪽에 두고 사암 언덕을 돌아가니 두 신전이 위용을 드러냈다.
탄성이 절로 나왔다. 먼저 소신전이 보였다. 조금 더 걸어가면 대신전이었다. 우리
뒤에 오는 사람들도 차례대로 "우와" 소리를 내뱉었다. 대신전 정면은 높이가
32m, 너비는 38m에 달했다. 고대 이집트 제19왕조의 제3대 왕이었던 람세스 2세
(Ramses II · 재위 BC 1301~BC 1235)가 만든 신전이었다.

거대한 좌상 4개가 대신전 입구를 지켰다. 의자에 앉아 양손을 무릎에 올려놓
았다. 모두 람세스 2세의 모습을 형상화했다. 왼쪽에서 두 번째 좌상은 세월을

이기지 못하고 부서져 내렸다. 떨어져
나간 상체를 다른 데로 치우지 않고
앞에 그대로 내버려 둔 게 이채로
웠다. 한때 이집트는 상왕조와 하왕
조로 나뉘어 있었다. 오른쪽 두 좌상

과 왼쪽 첫 번째 좌상이 쓰고 있는 왕관이 달랐다. 각각 상하 이집트를 뜻한다고
했다. 통일된 이집트 왕조의 파라오임을 나타낸 거였다.

아부심벨 신전은 우리나라의 석굴암 같은 암굴 신전이었다. 대신전 안으로 들어
갔다. 암벽을 60m가량이나 파냈다. 대신전 양쪽 벽은 람세스 2세의 업적을 담은
부조로 가득했다. 전쟁을 치르며 상하 이집트를 통일하는 과정을 세세하게 표현
했다고 들었다. 입구 맞은편 벽에도 4개의 좌상이 있었다. 어둠의 신 프타, 태양의
신 아몬, 람세스 2세, 호루스와 태양신이 결합한 호르아크티 순이었다. 람세스 2세
를 신격화시킨 것을 볼 수 있었다.

예전에는 1년에 두 번 2월 22일과 10월 22일에 대신전의 가장 안쪽까지 햇빛이
들어와 좌상을 비추었다. 람세스 2세가 태어난 날과 그가 왕으로 즉위한 날이었
다. 지금은 그 날짜가 어긋나 있다. 본래 아부심벨 신전은 다른 자리에 있었다.
1960년 아스완 하이 댐(Aswan High Dam)을 건설하기 시작했다. 아부심벨 신전
이 물에 잠길 위기에 처하자 유네스코가 나섰다.

8년 뒤인 1968년 이전작업에 착수했다. 1천여 개의 돌덩이로 신전을 전부 해체
했다. 이를 위해 1만7천여 개의 구멍을 뚫었다고 했다. 무게도 30톤에 이르렀다.
210m 떨어진 지금의 자리로 그대로 옮겨왔다. 이전보다 65m 정도 높은 곳이었

다. 원래 모습으로 다시 조립하기까지 5년이라는 긴 시간이 걸렸다. 전 세계 54개 국이 기술과 재원을 지원했다. 1972년 이 일을 계기로 세계의 역사 유적과 자연을 보호하기 위한 '세계유산협약'(The World Heritage Convention)이 제정되었다.

대신전 옆의 소신전도 같은 기간 통째로 옮겼다. 6개의 입상이 소신전 입구에서 우리를 맞았다. 소신전은 람세스 2세가 그의 아내 네페르타리(Nefertari)를 위해 지었다. 입구 좌우로 입상이 3개씩 있었다. 람세스 2세와 네페르타리를 번갈아 조각해 놓았다. 왕이 양옆에서 왕비를 보호하는 듯이 보였다. 가까이 다가가서 팔을 뻗어 올려봤다. 입상의 무릎에도 못 미쳤다.

소신전 내부가 궁금했다. 여섯 개 기둥의 윗부분이 하토르(Hathor)의 머리로 장식되어 있었다. 소신전은 네페르타리에 선사한 신전이면서 동시에 하토르에게 바친 신전이었다. 하토르는 이집트 신화에서 사랑, 결혼 등을 담당하는 여신으로 태양신 호루스의 아내였다. 벽에도 하토르의 모습이 새겨져 있었다. 람세스 2세와 네페르타리가 하토르에게 꽃을 안기고, 하토르는 네페르타리에게 왕관을 씌워 주었다.

많은 이들이 람세스 2세를 애처가라고 평한다. 고대 이집트에서 왕비를 신전의 정면에 내세우는 경우는 극히 드물다고 했다. 대신전과 소신전 모두 람세스 2세의 재위 기간에 지어졌다. 얼마나 대단한 힘을 지녔었길래 그런 결정을 거침없이 내릴 수 있었는지 떠올려보게 되었다. 아부심벨 신전에 다녀가면 누구나 같은 생각을 하게 되는 것 같았다.

바로를 굴복시킨 하나님의 역사, 출애굽

아스완은 이집트의 최남단에 있는 도시이다. 고대 무역이 번성했던 지역으로 당시에는 아스완을 거쳐야 아프리카의 다른 나라로 갈 수 있었다. 세계를 돌아보며 많은 유적지에 가봤다. 내가 으뜸으로 꼽는 곳은 단연 아스완이다. 3천 년, 4천 년 된 유적이 즐비했다. 전부 단단한 화강암으로 만들어졌다. 신전 내부에 덧입힌 색도 변치 않고 그대로였다.

어디에 가든 우람한 체격의 석상이 자리를 잡고 서 있었다. 한쪽 발을 앞으로 약간 내디딘 모습이었다. 다른 왕은 별로 보이지 않았다. 거대한 석상은 모두 람세스 2세였다. 이집트 고고학박물관의 소장품 대부분이 아스완에서 옮겨다 놓은 거라고 했다. 거짓말을 조금 보태 아스완 전체가 유적지라고 해도 크게 어긋난 말이 아니었다.

람세스 2세의 유적은 아직 발굴되지 않은 게 훨씬 더 많다고 했다. 아부심벨 신전도 처음에는 꼭대기까지 모래에 파묻혀 있었다. 조금 드러났을 뿐인데도 람세스 2세의 위세가 하늘을 찌를 듯했다. 람세스 2세가 살아생전 남긴 유적이 이집트 문화재의 절반을 족히 차지하고 있는 것 같았다. 잠깐 지나치듯 본 거지만 내겐 그렇게 느껴졌다.

성경에서 람세스 2세는 바로라는 이름으로 적혀 있다. 모세의 동생이면서 이스라엘 백성의 출애굽을 끝까지 막은 사람이 람세스 2세였다. 그는 이집트 역사를 통틀어 가장 강력한 권력을 지녔던 왕이었다. 람세스 2세의 유적을 대하는 이마다 감탄을 금치 못했다. 66년 동안 이집트를 다스리면서 자신의 나라를 엄청난 강대국으로 이끌었다는 것을 가히 짐작할 수 있었다.

당시 이집트인들은 여러 신을 섬겼다. 오직 하나님만 바라보는 이스라엘 백성들과 전혀 달랐다. 모세가 이스라엘 백성들을 그만 놓아달라는 말을 건넸을 때 람세스 2세는 고개를 가로저었다. 그는 자기 마음대로 모든 것을 할 수 있는 존재였다. 이집트에서 그를 막아설 수 있는 사람은 아무도 없었다. 야훼라는 신보다 더 강력한 신들이 자신을 돕고 있다고 생각하지 않았을까?

개구리, 파리, 메뚜기 등 저들이 믿는 신이 연이어 재앙으로 덮쳐오는데도 그는 고집을 꺾지 않았다. 결국 장자의 죽음을 피하지 못했다. 자신의 군대가 하나도 남김없이 수장되는 처절한 모습도 두 눈으로 지켜봐야만 했다. 결코 무너질 것 같지 않았던 이집트였다. 이스라엘 백성은 힘없는 노예일 뿐이었다. 출애굽이 일어난 시기와 방법이 놀라웠다.

사람에게 대단해 보이는 것이 하나님에게는 아무것도 아닐 수 있다고 보경이와 민준이에게 설명해주었다. 아직 어려서 현실감각이 부족해서인지 크게 공감하지 못하는 거 같았다. 람세스 2세의 어마어마함이 세상에서 하나님보다 더 큰 존재가 없다는 평소 가르침을 뛰어넘지 못하는 눈치였다. 모태신앙이라 그러려니 싶었다. 아무리 강하다 해도 우리 하나님께는 잽도 안 된다는 생각이 단단히 자리잡고 있는듯했다. 이스라엘 백성을 구원하신 하나님의 역사가 다음에는 더 경이롭게, 보다 드라마틱하게 받아들여지기를 속으로 기도했다.

아스완 기차역으로 이동했다. 전날 티켓을 예매해두었다. 기차를 타고 룩소르 (Luxor)로 움직일 계획이었다. 기차역 근처에서 불쾌한 일을 겪었다. 나와 보경이가 앞서 걷고, 아내와 민준이가 뒤따라오는 경우가 잦았다. 커다란 스카프를 망토처럼 걸친 한 사내가 아내에게 다가왔다. 민준이보다 어린 딸을 데리고 있었다. 현지인이었다.

아내가 작은 색(hip sack)을 앞으로 메고 있었다. 스카프를 사달라며 말을 걸어왔다. 잽싸게 두르고 있던 스카프를 풀더니 아내 목에 갖다 대며 예쁘다고, 잘 어울린다고 쉴 틈 없이 떠들어 댔다. 새것도 아니었다. 때 묻고 냄새나는 스카프였다. 아내가 괜찮다고, 사지 않겠다고 해도 소용없었다. 오히려 왜 안 사냐, 왜 필요하지 않냐며 말꼬리를 잡았다.

민준이는 엄마의 팔짱을 낀 채로 옆에 착 달라붙어 있었다. 현지인의 한쪽 손이 스카프 밑에서 엄마가 멘 색을 만지작거리는 게 자기 눈앞에 보였더랬다. 스카프는 눈속임용이었다. 놀란 민준이가 현지인 손을 탁하고 쳐버렸다. 그러자 현지인은 무슨 일이라도 있었냐는 듯 바로 뒤도 돌아보지 않고 멀어졌다. 지갑, 여권 등 귀중품을 넣어놓았었다. 제일 키 작은 민준이가 한 건 제대로 해낸 순간이었다.

현지인과 같이 있던 여자아이가 친딸이 아니기를 바랐다. 한팀으로 다닌다고 생각하는 게 차라리 마음 편했다. 이집트에서는 사기꾼을 조심해야 한다는 말을 그동안 숱하게 들었다. 오며 가며 만난 사람 중 적지 않은 이가 우리가 이집트에 간다고 하면 자기가 당한 얘기부터 꺼냈다. 이집트 하면 속상했던 일이 먼저 떠오르지만 거기 있는 문화유적 때문에 용서된다고 그래서 다시 가고 싶다는 사람도 있었다.

어느 젊은 여행객은 낙타를 타고 기자 피라미드를 둘러보았단다. 제일 싸게 부르는 가이드를 골랐다. 인적 드문 피라미드 뒤편으로 데려가길래 원래 이렇게 하는가 보다 하고 넘어갔다. 사진을 찍어준다고 해서 카메라를 건넸다. 180도 돌변한 가이드가 투어비를 수십 배나 올렸다. 원하는 대답이 나오지 않자 가이드가 낙타에게 채찍을 휘둘렀다. 낙타가 휘청거리기 시작했다. 덜컥 겁부터 났다.

떨어져서 다치는 거는 둘째치고 가이드가 자신을 해코지할 수도 있겠다는 생각이 번뜩 들었단다. 카메라를 돌려주기는커녕 그냥 나 몰라라 내빼버릴지도 몰랐다. 눈물을 머금고 거금 300달러를 내주었다. 어떤 여행객은 이집트인들의 태반이 관광객의 호주머니를 노리며 사는 것 같다고 씩씩거렸다. "죽은 자가 산 자를 먹여 살리는 나라"라고 이집트를 평하는 말이 많았다. 직접 경험하고 나니 가볍게 웃어넘길 수 없었다.

나일강 범람이 낳은 저들의 제사

3월 31일 -

느긋하게 점심을 먹고 룩소르 동안 투어에 나섰다. 나일강 동편에 카르낙 신전(Karnak Temple)과 룩소르 신전(Luxor Temple)이 있었다. 전날 오후 6시에 룩소르 기차역에 도착했다. 가이드를 만나 2박3일 간의 일정을 잡았다. 룩소르는 고대 이집트의 수도였던 테베(Thebae)의 남쪽 지역에 자리 잡고 있었다. 지금은 인구가 40만 명이 채 안 되지만 주전 1500년경에는 거주민이 1천만 명에 달하는 대도시였다. 호메로스(Homeros)의 작품 〈일리아드〉에 룩소르의 화려했던 옛 모습이 묘사되어 있다고 했다.

카르낙 신전은 이집트에 있는 신전 중 가장 큰 규모를 자랑했다. 넓이가 무려 60만m²였다. 입구에서 안쪽 끝까지 가려면 2km를 부지런히 걸어야 했다. 좌우 길이는 500m가 넘었다. 신전 입구에는 양 머리를 한 스핑크스 석상 수십 개가 양옆으로 늘어서 있었다. 석상마다 턱 밑에, 앞다리 사이에 람세스 2세를 고이 포개었다.

첫 번째 탑문을 지나 대광장(Great Court)을 걸었다. 두 번째 탑문 안쪽은 대열
주실(Great Hypostyle Hall)이었다. 로마의 성베드로 성당과 런던의 성바울 대성당
을 합친 면적이라고 했다. 그곳에 134개의 돌기둥이 빼곡히 줄을 지어 서 있었다.
높이 23m와 15m 두 종류의 거대한 기둥들이 단숨에 시선을 압도했다. 하늘을
가릴 정도였다. 11명가량이 양팔을 벌려야 기둥 하나를 둘러설 수 있었다. 말문이
막혔다.

기둥마다 상형문자와 그림이 한가득이었다. 람세스 2세의 업적과 아내 네페르
타리를 향한 사랑, 두 사람 사이의 자녀 이야기를 카르낙 신전에도 표현해놓았다.
수천 년 전에 새긴 음각, 양각이 여전히 선명했다. 카르낙 신전은 람세스 1세가 건설
하기 시작해 람세스 3세가 마무리 지었다. 약 100년에 걸친 증축과 개축을 통해

지금의 모습을 갖추었다.

룩소르 신전은 카르낙 신전의 부속 신전으로 지어졌다. 예전에 룩소르에서는 매년 6월 초순에 오펠트 축제가 열렸다. 나일강이 범람하는 시기였다. 두 신전도 해마다 4개월은 물에 잠겨 있을 수밖에 없었다. 오펠트 축제는 나일강의 범람에서 백성을 구제해달라고 기원하는 제사 의식이었다. 당시 매년 해결해야 하는 최대 현안이었단다.

카르낙 신전 대광장에는 아문신, 무트신, 콘수신의 이름을 딴 세 척의 배를 보관해두었던 장소가 있었다. 오펠트 축제가 열리면 제사장들이 이 신들의 배를 메고 나일강으로 행진했다. 파라오는 카르낙 신전에서 나라의 안녕을 구한 다음 룩소르 신전으로 이동했다. 두 신전은 널찍한 도로로 연결되어 있었다. 길게 뻗은 길 양옆으로 스핑크스상이 도열해 있는 것을 볼 수 있었다. 3km에 달하는 엄청난 길이었지만 지금은 중간이 끊긴 상태이다. 룩소르의 또 하나의 명물로 스핑크스의 거리, 성스러운 길로 불리고 있었다.

룩소르 신전에 다다른 파라오는 신의 가호를 바라는 제사의식을 치렀다. 이는 파라오와 신의 대화를 의미한다고 했다. 그래서 이집트인들에게 룩소르 사원은 두 절대 존재의 소통이 오갔던 장소로 각인되어 있었단다. 오펠트 축제는 짧게는 열흘, 길게는 3주까지 열렸다. 자신이 신과 대등하게 소통할 수 있는 존재임을 오래 드러내고자 했던 게 아니었을까?

룩소르 신전 입구에는 거대한 람세스 2세 석상과 오벨리스크가 세워져 있었다. 본래는 좌상과 입상을 합쳐 6개가 있었다는데 지금 훼손되어 3개만 남았다. 짝을 이루어 세우는 오벨리스크도 1개였다. 다른 하나는 파리의 콩코드 광장에

서 있다. 나폴레옹이 이집트에 침공했을 당시 옮기는 게 결정되었단다. 빼앗긴 것
인지 선물로 준 것인지 확실치 않다고 했다. 강압에 못 이겨 내어주었다고 생각하
면 될 것 같았다.

그리스도인들이 거기에 있었다

룩소르 신전에서 현지 고등학교 학생들을 만났던 기억이 아직도 생생하다. 단체로 현장학습을 온 것 같았다. 동양인을 봐서 신기했는지 우리 가족에게 굉장한 호감을 나타냈다. 친한 친구들 한 무리가 생긋생긋 웃으며 어디서 왔는지 묻더니 같이 사진 찍자며 핸드폰을 들어 보였다. "OK!" 쿨하게 응해 주었다. 핸드폰 여러 개를 바꿔가며 찍는 거는 이집트도 똑같았다.

그 모습을 본 다른 학생들도 달려와서 합류했다. 인기 연예인이라도 되는 것처럼 수십 명이 우리를 에워쌌다. 더 걷지 못하고 한참을 같은 자리에 멈춰 서 있어야 했다. 재밌었던 건 아내와 보경이는 찬밥 신세였다. 나와 민준하고만 사진을 찍으려 해서 이게 뭔 일인가 싶었다. 담임 선생님인 거 같았다. 그만하고 돌아가라고 싫은 소리로 아이들을 막 쫓아내더니 자기도 사진을 찍게 해달란다. 피식 웃음이 터지고 말았다.

룩소르는 신전뿐만 아니라 은세공으로도 유명했다. 은반지에 이집트 고대 문자로 이름을 새겨주는 곳이 있었다. 영어로 스펠링을 적어주면 그것을 이집트의 옛 문자로 바꿔  주었다. 파라오의 이름을 쓸 때만 사용했던 문양이라고 했다. 아내와 커플링을

맞추었다. 보경이와 민준이에게는 이름을 넣은 은팔찌를 선물해주었다.

가이드가 옆에서 도와주었다. 이름이 미라였다. 이집트에서도 하루에 다섯 번 아잔 소리가 울렸다. 기도 시간 되었음을 알리는 무슬림 노래였다. 저녁거리를 사러 정육점에 갔을 때였다. 아잔이 울리자 정육점 주인이 고기를 자르려다 말고 무릎을 꿇었다. 기도가 다 끝나고 나서야 주문한 고기를 받을 수 있다. 다른 가이드도 때마다 양해를 구하고 기도에 참여했다.

미라는 아잔을 별로 신경 쓰지 않았다. 혹시 콥트교도냐고 물었더니 아니란다. 우리와 동일한 믿음을 지닌 기독교인이란다. 반듯한 그리스도인이었다. 팁을 더 주려고 해도 예의 바르게 사양하며 받지 않았다. 식사할 때도 우리에게 부담 주지 않으려 간단한 음식만 골랐다. 찬양을 좋아했다. 오가는 길에 차 안에서 보경이와 영어찬양도 같이 불러주었다. 이집트에도 콥트교도가 아닌 크리스천이 있고, 함께 예배하는 교회가 있다는 것을 처음 알게 되었다.

물어볼 게 많았다. 콥트교에 대해 아직 편치 않은 구석이 있었다. 목사 대신 교황이 있는 콥트교였다. 천주교처럼 성경의 권위와 교황의 말을 동일시하는 게 아닐까 의심스러웠다. 천주교는 우리랑 십계명이 다른 게 가장 거슬렸다. 우상은 어떤 형상으로도 만들지 말라는 두 번째 계명을 자의적으로 빼버렸다. 그리고 기존의 열 번째 계명을 나누어 두 계명으로 만들었다.

콥트교는 예수님의 신성만 믿는 종교라고 알고 있던 터였다. 거룩하신 예수님이 어떻게 더러운 인간의 몸을 입고 올 수 있냐는 게 초대교회 시기의 이단과 영지주의자들의 주장이었다. 예수님은 완벽한 신이지 인간이 아니라고 그들은 믿었다. 정말 콥트교도 예수님의 인성을 부정하는지 궁금했다. 미라가 알기 쉽게 설명해주었다.

예수님은 우리와 같은 사람이면서 참 하나님이심을 믿는 믿음은 콥트교도 똑같았다. 이 땅에 오신 예수님이 제자들을 가르치시고, 병든 자를 고치시고, 천국 복음을 전하셨다는 것 역시 명백한 사실이었다. 사흘 만에 다시 살아나셔서 모든 죄를 사하시고 영원한 생명을 허락하셨다는 것을 복음의 핵심으로 삼고 있었다. 우리와 다를 바가 없었다.

그제야 안심되었다. 카이로에서 콥트교도들을 대할 때 감동이 은은하게 밀려왔다. 혹시 내가 잘못 생각해서 그런 게 아니었는지 개운  치 않았다. 미라를 만난 게 그냥 우연은 아닌 듯했다. 하나님이 주신 은혜였다고 편안히 받아들일 수 있었다. 이집트에서 몇 명 안 되는 그리스도인이 우리 가족의 가이드가 된 게 그저 신기했다.

풍요와 믿음은 같이 갈 수 없는 걸까?

4월 1일 -

아침 6시 일찌감치 숙소를 나섰다. 이번에는 룩소르 서안 투어였다. 깎아지른 듯한 높은 암벽이 있는 곳으로 우리를 안내했다. 왕가의 계곡(Valley of the Kings)이라 불렀다. 64명의 파라오가 잠들어 있는 무덤이었다. 암벽에 작은 구멍을 내고 미로로 연결해놓았다. 다양한 크기의 분묘와 보물창고가 만들어져 있었다. 세티 1세의 무덤은 무려 100m나 파 들어갔다. 짧은 기간 통치하고 생을 달리했던 파라오의 무덤은 그에 비하면 아담하기 그지없었다.

19세기 영국의 탐험가인 조반니 베르지오가 람세스 1세의 무덤을 발견하며 왕가의 계곡이 세상에 모습을 드러냈다. 도굴을 막기 위해 깊은 계곡에 비밀스럽게 왕들의 무덤을 조성했는데도 발견 당시 모든 고분이 거의 비어 있었다고 미라가 설명해주었다. 제20대 왕조가 끝난 후 2500년 동안 버려져 있다시피 했던 곳이었다.

1922년 영국의 고고학자 하워드 카터에 의해 투탄카멘(Tutankhamun)의 무덤이 발견되었다. 유일하게 도굴된 흔적이 없는 상태였다. 그는 제18왕조의 제12대 파라오로 10년간 즉위하다 18세의 어린 나이에 급사한 것으로 알려져 있었다. 황금 마스크 등 무덤 안의 유물을 발굴하는 데에만 10년이 걸렸다고 했다. 그의 무덤에는 미이라만 남겨져 있다고 해서 들어가지 않았다. 전부 카이로 고고학 박물관으로 옮겼기 때문이었다.

연대순이 아닌 발굴된 순서로 번호를 붙였다. 람세스 9세, 람세스 1세, 람세스 3세의 무덤을 차례로 둘러보았다. 벽화가 화려하게 채색되어 있었다. 파란색, 노란색을 많이 사용했다. 무덤 안이어서 그랬는지 왠지 무덤덤해졌다. 람세스 2세의 무덤이 발견된다면 그 안에는 얼마나 많은 유물이 들어 있을지 상상해보았다. 대영박물관을 10개 정도 지어야 하지 않을까 생각하고 혼자 웃었다.

핫셉수트 신전(Hatshepsut's Temple)으로 향했다. 왕들의 계곡에서 남쪽으로 이웃한 계곡과 그 앞에 펼쳐진 평원이 만나는 지점에 웅장한 신전이 자태를 뽐내고 있었다. 이집트의 유일한 여성 파라오였던 핫셉수트의 영혼을 기리는 신전이었다. 그녀는 남편인 투트모세 2세(Thutmose II)가 죽은 후 이복아들인 투트모트 3세(Thutmose III)가 아직 어리다는 이유로 섭정을 맡았다. 곧 스스로 파라오가 되어 20여 년간 이집트를 다스렸다.

핫셉수트 이름에는 '가장 고귀한 숙녀'라는 뜻이 담겨 있다고 했다. 그래서인지 신전 안에 그려진 벽화에 붉은색이 도드라져 보였다. 그녀의 석상은 양손을 엑스(X)자 모양으로 만들어 가슴팍에 올려놓은 모습이었다. 죽은 사람을 묘사하는 자세였다. 의상과 얼굴 형태 모두 람세스 2세의 석상과 크게 다르지 않았다. 실제로 핫셉수트는 남성 복장을 하고 가짜 수염을 붙이고 다녔다고 했다.

미라와 함께 하는 마지막 날이었다. 이집트에서 가이드가 하루 일하고 받는 급여가 우리나라 돈으로 1만 원이 조금 안 되는 거 같았다. 투어 비용으로 나가는 금액을 따져보니 대충 그쯤 되어 보였다. 이집트에서는 상당히 높은 일당이었

다. 우리가 밥 한 끼 대접하고 싶다고, 네가 원하는 데에서 같이 먹자고 미라에게

부탁했다.

미라가 우리의 호의를 받아주었다. 고급스럽게 보이는 식당으로 우리 가족을 데려갔다. 얼마가 나와도 좋다는 마음을 먹고 있었다. 근사한 음식이 차려졌다. 5명 모두 만족한 식사였다. 2만 원 조금 넘는 액수가 영수증에 찍혔다. 이집트 물가에 다시 한번 놀랐다. 한 사람에 5천 원이라고 하기엔 과할 만큼 괜찮은 음식이었다.

길가에서 오렌지주스를 파는 가판대를 쉽게 볼 수 있었다. 그 자리에서 바로 오렌지를 짜서 내주었다. 우리는 마지막 한 방울까지 짜내려 애쓰는데 거기는 오렌지를 즙틀에 올린 다음 한 번 세게 누르는 것으로 끝이었다. 그렇게 오렌지 대여섯 개를 짜야 한 컵이 나왔다. 그게 우리나라 돈으로 4백 원이었다. 사탕수수 음료는 2백 원을 받고 팔았다.

국토의 90%가 사막이라 먹거리가 귀하지 않을까 싶었는데 전혀 그렇지 않았다. 풀이 드문드문 나 있는 황무지 같은 데를 지날 때였다. 저만치에서 사람들이 감자를 캐내느라 분주했다. 어마어마하게 큰 트럭을 오로지 감자로만 채웠다. 비어 있는 다른 트럭이 뒤에서 대기하고 있었다. 세계 4대 문명 발상지 중 하나로 일컬어지는 곳이었다. 개간하고 물을 대면 금세 옥토로 바뀌는 토양이라고 했다. 비옥한 땅이라는 걸 인정하지 않을 수 없었다.

이집트 물가는 도무지 이해가 안 돼

4월 2일 -

전날 밤 버스로 5시간을 달려 후르가다 (Hurghada)에 도착했다. 홍해 해변에 자리했다. 전 세계 여행족이 즐겨 찾는 휴양 도시였다. 사파리 차량에 올라 후루가다 사막으로 들어갔다. 사륜 오토바이가 줄지어 기다리고 있었다. 스카프로 머리와 입을 꽁꽁 싸맸다. 선글라스까지 걸쳐 중무장한 다음 사륜 오토바이에 올랐다. 네 가족이 같이 탈 수 있는 오토바이가 마련되어 있었다.

오른손에 힘을 주어 속도를 높였다. 크고 작은 돌로 울퉁불퉁한 바닥을 주저하지 않고 내달렸다. 커다란 모래언덕도 쏜살같이 내려갔다. 아내와 아이들이 "꺅!" 소리를 질러댔다. 오토바이를 타며 보는 사막 풍경도 나름 멋있었다. 웅장한 사막을 내 마음대로 달렸다. 모래바람을 뚫고 질주하는 쾌감을 맛볼 수 있었다.

베두인 마을로 움직였다. 베두인(Bedouin)
은 사막 지역에서 사는 아랍계 유목민이
었다. 갈대를 엮어 울타리 삼아 세운 천막
이 보였다. 베두인이 거주하는 집이었다.
그 안에서 마른 나뭇가지로 불을 피워
빵을 만드는 과정을 보여주었다. 모양이
피자 도우처럼 판판하고 납작했다. 갓
구워낸 뜨끈뜨끈한 빵을 우리에게 내주
었다. 별다른 걸 넣지 않았는데도 적당히

짭짤해서 맛있었다. 옛날 방식으로
나무틀을 이용해 옷감을 짜는 것도
볼 수 있었다. 저들이 흙바닥에 깔고
생활하는 러그를 주로 만드는 것 같
았다.

　낙타를 타볼 차례였다. 낙타 여러
마리가 무릎을 굽히고 납작 엎드려
있었다. 한 마리에 한 명씩 올라갔다.

올라앉자마자 낙타가 훅 일어나버렸다.
안장에 달린 손잡이를 재빨리 붙잡지
않았으면 앞으로 엎어졌을지도 몰랐다.
베두인 마을 사람들이 낙타를 끌어주
었다. 느릿느릿 5분 정도 걸었을까?
시간이 너무 짧아 아쉬웠다. 낙타 얼굴을
가까이 대고 사진 찍는 것으로 마음을

달랬다.

숙소로 돌아오는 길에 가이드에게 현지인들이 이용하는 식당을 소개해달라고 했다. 외국인들은 가지 않는, 이집트 서민들이 즐겨 찾는 데서 먹어보고 싶었다. 번화가에서 한참을 벗어났다. 외진 공사장 한쪽에 있을 법한 허름한 함바식당 분위기가 났다. 우리나라로 치면 동네 어귀의 가정식 백반집이었다. 구멍가게만큼 작았다. 식당 바깥벽에 낸 구멍으로 음식을 내주었다. 야외테이블에 가져다 먹게 되어 있었다.

이것저것 푸짐하게 시켰다. 걸레빵도 잔뜩 달라고 했다. 배가 고팠던 터라 허겁지겁 입에 욱여넣었다. 맛있어서 자꾸 더 먹게 되었다. 네 가족이 배가 터지도록 먹었는데도 음식이 남았다. '이러면 안 되는데...' 사람들 눈치를 보며 조심조심 밥값을 계산했다. 처음에는 잘못 들은 줄 알았다. 다시 물었다. 우리나라 돈으로 2천8백 원을 달라고 했다.

어이가 없었다. 중학생이었을 때 학교 매점에서 우동 한 그릇을 300원에 팔았다. 25년 전 우동 열 그릇보다 훨씬 많은 양에 값은 오히려 덜 나갔다. '그동안 다른 데서 먹은 건 뭐였지?' 혼란스러웠다. 이집트 물가를 도저히 가늠할 수 없었다. 차이가 나도 너무 났다. 어느 쪽이 진실인지 머리를 싸매며 숙소로 돌아왔다.

그 와중에 이집트의 전통 빵인 에이쉬가 계속 떠올랐다. 반죽한 밀을 발효시킨 다음 화덕에 구워서 만들었다. 생긴 건 호떡이랑 비슷한데 크기는 큰 접시만 했다. 안에 아무것도 들어 있지 않은 납작한 모양이었다. 에이쉬를 만드는 빵집은 정부 보조금을 받는단다. 우리 돈 40원으로 5장을 살 수 있을 정도로 값이 저렴했다. 이집트인들 대부분 가까운 동네 빵집에서 하루 먹을 에이쉬를 사 간다고 했다.

그 집은 종일 에이쉬만 만드는 것 같았다. 어느 곳이든 지나칠 때마다 에이쉬를 사려는 사람들이 다닥다닥 줄지어 서 있었다. 봉지 같은 건 따로 없었다. 화덕에서 갓 꺼낸 에이쉬를 가판대에 던져주면 다들 알아서 집어갔다. 식당도 마찬가지였다. 배급받는 것처럼 에이쉬 양손에 높게 쌓아서 식당으로 가져갔다. 뜨거워서 들 수 없었는지 에이쉬를 길바닥에 펼쳐놓고 식히는 사람도 있었다.

에이쉬 윗부분을 약간 자르니 주머니가 되었다. 속에 잘게 썬 야채랑 다진 고기를 넣어서 먹었다. 우리나라 모든 음식에 공깃밥이 나오듯이 이집트에서 주문하면 항상 에이쉬를 같이 내주었다. 조금씩 뜯어서 음식을 싸 먹는 게 저들의 식사였다. 떼려야 뗄 수 없는 주식이었다. 한 번은 에이쉬 한 장값을 10원에서 17원으로 올리려고 했단다. 데모가 일어나는 등 난리가 아니었다고 했다.

우리나라 사람들이 에이쉬를 걸레빵이라는 다른 이름으로 부르고 있었다. 음식을 먹다가 옷이나 손에 기름이 묻으면 에이쉬로 싹 닦아 내면 되었다. 물을 엎질러도 에이쉬가 있으면 휴지가 필요 없었다. 손님이 가고 난 뒤 식당 종업원이 자리를 치울 때도 남은 에이쉬를 행주처럼 사용했다. 이름과 어울리지 않게 담백하고 쫄깃쫄깃한 맛을 냈다. 걸레빵이 자꾸 생각났던 후루가다의 밤이었다.

다이버 자격증 따볼 만해!

4월 3일 -

후르가다와 시나이반도(Sinai Pen.)가 가까웠다. 세계 다이빙 10대 포인트 가운데 하나가 다합(Dahab)이었다. 버킷리스트에 '온 가족 다이버 자격증 취득'을 적어놓았다. 다합만큼 괜찮은 곳이 없었다. 버킷리스트를 또 한 번 지울 수 있는 적기였다. 다합으로 가려면 시나이반도에 발을 들여놓아야 했다. 시나이반도에서 버스폭탄테러가 일어난 게 불과 두 달 전이었다. 관광객들의 발걸음이 뚝 끊긴 상태였다.

룩소르에서 다합에 있는 여행사와 연락을 취했었다. 다합이 안전한지 먼저 물었다. 버스폭탄테러 사건으로 한국인 관광객은 한 명도 없다는 대답이 돌아왔다. 그런데 러시아에서 온 관광객들이 다합에 머물고 있단다. 러시아인들을 데리고 이스라엘과 요르단을 다녀오는 패키지 투어도 예정대로 진행할 거라고 했다.

러시아 사람들 틈에 우리 가족을 끼워줄 수 있겠냐고 했더니 다합으로 오기만 하면 문제없다고 했다. 시나이반도로 가기로 결정을 내렸다. 테러 조직이 오바마 대통령은 건드려도 푸틴 대통령은 건드리지 못했다. 미국과 러시아를 대하는 방식이 달랐다. 러시아인들과 함께하면 안전한 여행이 될 거라는 판단이 섰다. 그리고 겁도 없이 항공권을 예매했다.

오전 10시 50분 샤름엘셰이크 국제공항(Sharm el-Sheikh International Airport)으로 향하는 비행기가 이륙했다. 후르가다 국제공항(Hurghada International Airport)에서 40분 정도 소요되는 가까운 거리였다. 숙소에 픽업을 부탁해두었다. 두 시간여를 달리면 다합에 닿을 수 있었다. 중간에 1시간 정도 광야를 지날 때는 걱정이 앞섰다. 모세가 40년간 머물렀던 그 광야였다. 편안하게 감상하며 가고 싶었지만 좀처럼 마음이 놓이지 않았다. 바위산 어딘가에서 무장 괴한이 총을 들고 몰래 숨어 있을 것 같아 내내 조마조마했다.

간 큰 가족의 우당탕탕 세계여행

다행히 아무 일 없이 숙소에 도착했다.
폭탄테러가 일어난 타바(Taba)는 시나이
반도 동북부에 자리한 도시였다. 다합은
한참 아래인 남동쪽에 있었다. 금세 긴장
이 풀리며 배가 고파졌다. 다이빙을 배우
려 많은 한국인이 오는 데였다. 한식당을 찾아갔다. 김치볶음밥과 된장찌개를
시켜서 늦은 점심을 먹었다. 저녁에도 같은 자리에 앉아 오징어볶음밥과 짬뽕,
불고기를 주문했다. 제대로 된 밥상은 정말 오랜만이었다. 깨끗이 비워 주었다.

4월 4~10일 –

한국인이 운영하는 다이버샵에 등록했다. 강사 중 한 명은 한국 신기록 보유
자였다. 공기통 없이 수심 72m를 잠수한 경력이 있었다. 일주일 뒤 다른 사람이
4m를 더 내려가는 바람에 기록이 깨지긴 했지만…. 젊은 청년이 옆에서 보필하고
있었다. 해병대 출신이었다. 여느 때와 달리 수강생은 우리 가족 네 명이 다였다.

3일 동안 오픈워터 다이버(Open water Diver) 코스를 밟았다. 수영을 할 줄
몰라도 교육받는 게 가능했다. 수심 18m까지 잠수할 수 있는 초급 과정이었다.
첫날 오전은 이론 수업이었다. 오후부터 몸에 착 달라붙는 다이빙 수트를 입고
물에 들어갈 수 있었다. 마우스피스를 뺐다가 다시 무는 법을 연습했다. 수경을
벗었다가 재차 쓰는 요령도 반복하며 익혔다. 물속에서 어떤 상황이 벌어질지 누구
도 장담하지 못했다.

둘째 날부터 8m, 10m 거리를 늘려가며 본격적으로 잠수 훈련을 했다. 한 번

들어갈 때마다 30분씩 물속에 머물렀다. 오전에 두 차례, 오후에 서너 차례 정도 물에 잠겼다. 어깨에 메고 들어가는 공기통 개수로 잠수 횟수를 매겼다. 다섯 번 다이빙하면 다섯깡 했다고 표현했다. 셋째 날까지 열깡 넘게 바닷속으로 뛰어들었다. 수료증을 받을 수 있었다.

연이어 이틀 동안 어드벤스 다이버(Advence Diver) 과정을 이수하기로 했다. 보트를 타고 좀 더 깊은 바다로 나갔다. 최대 수심 40m까지 잠수가 허락되었다. 30m 아래로 내려갔을 땐 잔뜩 겁이 났다. 물 위가 너무 멀리 있어 보였다. 수심이 깊어질수록 수온이 차가워지고, 햇빛이 점점 약해졌다. 보경이와 민준이도 두려웠을 텐데 잘 이겨내며 따라와 주었다.

다이빙을 배울 때 익히기 힘든 기술 중 하나가 호버링이었다. 위아래로 움직이지 않고 한 지점에서 가만히 머물러 있기가 굉장히 어려웠다. 숨을 마시면 올라가고, 내뱉으면 내려가는 몸을 잘 다스려야 했다. 보경이가 제일 먼저 호버링을 체득했다. 자격증 시험 성적도 보경이 게 가장 높았다. 큰 무리 없이 어드벤스 라이센스를 손에 쥐었다. 온 가족이 함께 이루어서 기쁨이 더했다.

"죽기 전까지 세계 10대 다이빙 포인트에 모두 가 보자!"

신이 나서 선포해버렸다. 앞으로 가게 될 나라에도 유명한 다이빙 포인트가 있었다. 아이들도 백깡을 채우고 싶어 했다. 백깡 정도는 되어야 다이빙을 할 줄 안다고 인정해준단다. 다이버 자격증을 취득한 후 여행이 훨씬 재밌어졌다. 체험할 수 있는 선택지가 늘었고, 고요한 바닷속 세상을 구경하는 즐거움을 누리게 되었다. 여행을 좀 해봤다 싶은, 자유여행을 제대로 즐길 줄 안다는 사람들은 대부분 다이버 자격증을 갖고 있다는 사실도 새로이 알게 되었다. 여행에서 다이빙은 선택이 아니라 필수였다.

여섯째 날 오후에 민준이과 스노클링을 잠깐 배웠다. 민준이는 다이버 자격증을 받고 의기양양해졌다. 아빠와 킬리만자로에 오르지 못해 미안함 컸는데 이번에 함께 해내어서 마음의 짐을 덜어내게 된 것 같았다. 프리다이버(Free Diver) 자격증에도 도전해보고 싶었다. 아무 장비 없이 맨몸으로 물에 들어가는 게 부러웠다. 단 몇 분씩이라도 바닷속을 자유롭게 누빌 수 있으면 정말 행복할 것 같았다. 민준이가 자기도 프리다이버가 될 거라고 맞장구쳤다. 고3 때 수학능력시험을 치르고 다합에 다시 올 거란다. 아들과 해녀처럼 해삼, 전복을 따오는 모습을 상상하며 입맛을 다셨다.

실습이 끝난 저녁에는 바다 풍경을
낀 레스토랑에서 해산물 요리를 먹
었다. 시장에서 싱싱한 고기를 사서
아이들에게 구워주기도 했다. 식사를
마치고 나서는 천천히 해변을 거닐
었다. 해안가에 있는 카페들이 하나
같이 예뻤다. 여유로움이 몽글몽글
피어오르는 다합이었다. 커피 한 잔
을 시켜놓고 종일 앉아 있어도 누
구 하나 나무라는 사람이 없었다.

우리 가족과 이집트 현지인들, 그리고 러시아 관광객들 뿐이었다. 물이 제법
차가웠다. 우리 가족은 다이빙 수트를 입어야 바다에 들어갈 수 있었는데 러시아인
들은 한여름 수영복 차림이었다. 추운 내색 한 번 하지 않고 수영을 즐겼다. 돌도
되지 않은 아기도 바다로 데리고 나왔다. 엄마가 아기를 머리끝까지 물에 담가
앞으로 쭉 밀면 반대편에서 아빠가 아기를 받아 건져 올렸다. 아기가 까르르대며
좋아했다.

다합은 여행자들의 블랙홀로 불리고 있었다. 사흘이나 닷새 정도 쉬었다 갈
생각으로 왔다가 두 달, 석 달을 머물게 된단다. 밥 먹고, 차 마시고, 바다 구경
하는 게 전부인데도 그게 쉼이 되고, 힐링이 되는 곳이었다. 우리도 다합에서
여드레를 지냈다. 아프리카에서 벗어나 다른 곳에 와 있는 느낌이었다.

8

이스라엘 요르단

이스라엘 입국이 이렇게 힘들 줄이야

4월 11일 –

전날 밤 10시 이스라엘·요르단 투어에 나섰다. 45인승 버스로 움직인다기에 한두 대 정도 가는가 보다 했다. 한밤중에 스무 대가 넘는 버스가 꼬리에 꼬리를 물고 있어 깜짝 놀랐다. 우리 가족을 빼고 전부 러시아인들이었다. 늦게 신청하는 바람에 네 명이 뿔뿔이 흩어져 앉았다. 나만 제일 뒷자리였다.

슬라브족의 후예답게 하나 같이 우락부락했다. 예전에 이종격투기 경기를 재밌게 봤었다. 효도르처럼 머리가 반쯤 벗겨진 사내들이 버스가 떠나갈 듯이 큰 소리로 떠들고 있었다. 험상궂은 얼굴에 몸집도 어마어마했다. 거기에 비하면 나는 어린애나 마찬가지였다. 생김새로는 나보다 훨씬 나이 들어 보이는데 하는 모양은 많이 잡아도 30대 중반이었다.

매너가 뭔지 제대로 배우지 못한 것 같았다. 뒤에 앉은 사람은 안중에도 없이 의자를 끝까지 뒤로 젖혀서 누웠다. 제일 뒷자리는 의자를 젖힐 수 없었다. 앞좌석 등받이가 내 무릎을 꽉 눌러서 여간 불편한 게 아니었다. 어떤 사람은 뒤에 앉은 사람이 다리를 꼬고 있어서 의자가 젖혀지지 않자 거칠게 툭툭 치면서 양보를 요구했다. 상대방도 호락호락하지 않았다. 센 말이 오가며 분위기가 험악해졌다.

전에 러시아에 정착한 중동 난민들이 나이트클럽에서 러시아 여성들을 성희롱한 일이 있었다. 이를 본 러시아 남성들이 앞뒤 가리지 않고 달려들어 난민들에게 집단폭행을 가했다. 신고를 받고 출동한 경찰들마저 응징에 합세했다. 당시 체포된 난민이 33명에 달했다. 그중 18명은 심각한 부상을 입어 바로 병원으로 옮겨졌다.

호전적인 러시아인들이었다. 아내와 아이들은 무서워서 그냥 내리고 싶었다고 했다. 내 심장도 쪼그라들었다. 하필 엔진룸이 내 자리 밑에 있어서 엉덩이가 뜨끈뜨끈했다. 앞사람 머리가 아주 가까웠다. 심기를 건드릴까 봐 숨도 크게 쉬지 못했다. 삐질삐질 땀 흘리며 조용히 앉아 있을 수밖에 없었다.

새벽 1시경 이스라엘 국경에 닿았다. 이스라엘은 입국 심사를 까다롭게 하는 것으로 유명했다. 미국보다 입국이 어려운 나라가 이스라엘이었다. 조금이라도 불성실하게 굴거나 비협조적으로 나오면 가차 없이 돌려보낸다는 소문이 자자했다. 두 달 전 버스폭탄테러가 일어났던 바로 그 자리였다. 경비가 삼엄했다.

모두 버스에서 내렸다. 자기 짐도 전부 챙겨야 했다. 아까까지 왁자지껄했던 러시아인들이 쥐 죽은 듯이 조용해졌다. 세상 무서울 게 없던 사람들이었다. 이스라엘 군인의 말 한마디에 일사불란하게 움직이는 모습에 어리둥절했다. 난폭했던 불곰이 갑자기 순한 양이 되어 있었다. 보경이와 민준이도 눈이 동그래졌다.

워낙 사람이 많다 보니 빙빙 돌려서 줄을 세울 수밖에 없었다. 누군가가 가방을 놓아두고 줄을 따라 움직였다. 한 바퀴 돌아와서 들고 가려고 했던 모양이었다. 주인 없는 가방을 발견한 이스라엘 군인이 검문에 나섰다. 당신 거냐고 주위 사람 한 명, 한 명에게 엄하게 물었다. 어린아이라고 그냥 넘어가지 않았다. 테러에 이용되고 있는지도 몰랐다.

경계하는 티가 역력했다. 폭탄이 들어 있을 가능성을 배제할 수 없었다. 러시아인들이 웅성거리던 소리도 잦아들었다. 뭔 일이 벌어질지 몰라 바짝 긴장한 분위기였다. 저 뒤에서 한 사람이 자기 가방이라며 뛰어왔다. 너무 무거워서 잠깐 세워두었다고 설명하는 것 같았다. 내가 봤을 때 거의 총을 겨누기 직전이었다. 일단 힘으로 제압하고 나서 조치했을 수도 있었다. 아무 일 없어서 다행이었다.

3시간을 꼼짝없이 기다렸다. 겨우 우리 차례가 되었다. 러시아 여권이 빨간색이었다. 별안간 초록색 여권이 눈에 들어와서 입국심사관이 놀란 눈치였다. 거기에 얼마 전 큰일이 있었던 대한민국 국적이어서 더 당황한 듯 보였다. 후르가다에서 비행기를 타고 다합으로 건너왔고, 다합에서 패키지여행을 신청했노라고 경과를 자세히 알려주어야 했다.

질문이 이어졌다. 러시아어는 할 줄 모른다고, 러시아인들과 같이 다니는 건 가이드 중에 영어가 가능한 사람이 있다고 해서 합류하게 된 거라고 대답해주었다. 검증이 안 되는 부분이어서 그런지 의심의 눈초리를 거두지 않았다. 캐묻듯 같은 질문을 반복해서 던졌다. 차분하게 다시 설명할 수밖에 없었다.

우리가 한 가족이고 세계 일주를 하고 있다는 얘기도 전했다. 다른 나라에 입국하고 출국할 때마다 입국심사대에서 찍어준 스탬프를 일일이 보여주었다. 거기에 적힌 날짜도 같이 확인했다. 어느 정도 납득 되었는지 입국심사관이 스탬프를 집어 들었다. 하필 아내 여권부터 펼쳤다. 아내 성이 왜 KIM이 아니라 LEE냐고 꼬투리를 잡았다.

한국은 결혼해도 성을 바꾸지 않는다고 얘기했지만 믿으려 하지 않았다. 가족인데 어떻게 그럴 수 있느냐는 표정이었다. 한국에서는 죽을 때까지 자기 아버지의 성을 따른다고, 한국 고유의 관습이라고 짧은 영어로 더듬더듬 이해시켜야 했다. 20분 동안 붙잡혀 있다가 가까스로 출입국사무소를 빠져나왔다. 진땀을 뺐다. 아이들이 잠도 못 자고 밤새 서 있기만 했다. 고생했다고 말해주었다. 이스라엘에서 출발하는 버스로 갈아탔다. 새벽 5시였다.

예수님의 탄생과 죽음

정신없이 곯아떨어졌다. 잠깐 잠든 것 같았는데 어느새 사해(Dead Sea)에 도착해 있었다. 시계를 보니 오전 10시였다. 사해는 지구에서 가장 저지대에 있는 호수였다. 북쪽의 갈릴리 호수(Sea of Galilee)에서 넘쳐난 물이 요단강(Jordan River) 물줄기를 이루어 사해로 흘러 내려왔다. 해수면보다 420m나 낮은 곳으로 모여들고 있었다.

사해 지역은 극심한 더위와 건조한 날씨가 1년 내내 지속된다고 했다. 한해 강수량도 50mm에 지나지 않았다. 호수의 수분이 끊임없이 증발해 염분 농도가 바다의 열 배 이상으로 높아졌다. 생물이 살 수 없는 곳이 되면서 '죽은 바다'라는 이름을 갖게 되었다. 해마다 호수의 수량이 줄어들고 있다고 했다. 종국에는 다 말라 없어질 것으로 내다보고 있었다.

짧게 수영할 수 있는 시간을 주었다. 정말 몸이 물 위에 둥둥 떴다. 큰 힘을

들이지 않고도 머리와 양손, 두 발을 물 밖으로 내놓을 수 있었다. 아내가 옆에서 허우적대는 사람을 피하려다가 원치 않게 엎어지고 말았다. 그만 사해 물을 꼴깍 삼켜버렸다. 목구멍이 미칠 듯이 아팠다. 눈에도 물이 들어가서 심하게 따끔거렸다. 사해의 첫 인상이 그리 좋지 않았다.

베들레헴(Bethlehem)으로 이동했다. 베들레헴은 이스라엘이 아닌 팔레스타인 거주지역에 속해 있었다. 검문소를 거쳐야 했다. 무장한 이스라엘 군인과 장갑차가 앞을 지켰다. 검문소 밖에는 8~9m 높이의 거대한 콘크리트 벽이 버티고 서 있었다. 베들레헴을 두르고 있는 분리 장벽이었다. 예루살렘(Jerusalem)이 지척이었다. 둘 사이를 가로막는 역할을 한다고 했다.

베들레헴 관광객 중 열의 아홉은 예수 탄생교회(The Church of the Nativity)를 찾는다고 했다. 예수님의 탄생을 기억하며 그분이 태어나신 자리에 세운 교회였다. 출입문 높이가 1.2m밖에 되지 않았다. 인사하듯 고개를 숙이고 들어가지 않으면 안 되었다. 예전에 조시 부시 미국 대통령도 똑같이 수그리고 들어갔다고 했다. 이방인들이 말을 타고 들어오지 못하도록 좁고 낮은 문을 달았다고 했다. 낮은 자세로 겸손한 마음으로 발을 들이라고 하는 것 같았다.

614년 페르시아군이 베들레헴을 점령한 뒤 베들레헴의 모든 교회를 파괴했단다. 당시 예수탄생교회 내부에 벽화가 그려져 있었다. 동방박사들이 아기 예수님을 찾아와 경배하는 장면이었다. 페르시아군의 눈에는 자기 조상들을 그려놓은 그림으로 보였다. 동방박사들이 페르시아 의상을 입고 있었기 때문이었다. 예수탄생교회만 유일하게 큰일을 피할 수 있었다.

44개의 돌기둥이 네 줄로 서서 교회를 떠받치고 있었다. 한 줄에 11개씩이었다. 사복음서에 담긴 예수님의 제자들을 표현한 것이라고 했다. 좁은 계단을 타고 지하로 내려갔다. 예수님이 태어나신 자리를 은으로 만든 별로 표시해 놓았다. '베들레헴의 별'이라고 불렀다. 별 안쪽에 라틴어가 원을 그리며 각인되어 있었다. "이곳에서 동정녀 마리아에게

서 예수 그리스도가 탄생하셨다"고 새겨져 있다고 했다.

이제 예루살렘을 방문할 차례
였다. 다시 검문소를 지나야 했다.
베들레헴으로 들어오는 사람들
에게는 아무런 통제를 가하지
않았다. 반대로 예루살렘 지역
으로 나갈 때는 철저하게 검문

한 뒤에 내보냈다. 팔레스타인 거주자들의 이탈을 막기 위해서였다. "Hurry!
Hurry! Passport!" 총을 멘 군인이 버스에 올라타 엄한 목소리로 분위기를 제압
했다. 움츠러든 마음으로 여권을 내밀었다. 이스라엘과 팔레스타인 사이의 장벽
을 조금은 실감할 수 있었다.

성묘교회(Church of the holy sepulchre)에 닿았다. 2천 년 전 예수님이 안장 되었던 묘지 위에 세운 교회였다. 336년 로마제국의 콘스탄티누스 황제가 이곳에 교회 건축을 명했다. 그의 어머니인 헬레나 여왕의 꿈에 천사들이 나타나 이곳이 예수님의 무덤이라고 알려주었다고 했다. 알아듣기 쉬워서인지 예수무덤교회라 고 부르는 사람이 많았다.

장사하기 전 예수님의 시신을 잠시 눕혔던 돌판이 예배당 안에 놓여 있었 다. 관 덮개처럼 반듯하고 두꺼웠다. 그 위에서 향료를 바르고 염을 했을 거라는 설명이 들렸다. 많은 이들이 무릎 꿇고 엎드려 돌판에 입을 맞추 었다. 돌판을 매만지며 뜨거운 눈물 을 흘리는 이도 있었다. 향유 옥합을 깨뜨린 여인처럼 간절한 모습이었다. 우리와 같은 버스를 탄 러시아인들

도 다소곳이 기도하고 있었다. 다시금 놀라지 않을 수 없었다. 가깝게 앉은 사람 끼리 친해진 모양이었다. 다음 장소로 이동할 때마다 버스 안에서 술판이 벌어졌 다. 독하다는 보드카를 안주도 없이 꿀꺽꿀꺽 들이켰다. 버스 앞쪽에 있는 사람 을 불러서 들고 있던 술병을 건네기도 했다. 조금 있으면 아내로 보이는 사람이 와서 등짝을 때리고 데려갔다.

그랬던 사람들이 돌판 위에 이마를 갖다 대고 예수님을 찾았다. 경건한 삶을

사는 연습이 안 되었을 뿐이지 저들에게 믿음이 없는 게 아니었다. 오로지 겉으로 보이는 모습만 가지고 나와 다른 부류라고 단정 짓고 있었다. 기질이나 취향이 신앙의 깊이를 좌우하지 않는다는 것도 깜빡 잊고 살아온 듯했다. 부끄럽고 민망했다.

예배당 앞쪽에 예수님의 무덤이 있었다. 전형적인 유대식 암굴묘라고 했다. 무덤을 보려는 사람들이 수백 명이었다. 아쉽지만 시간이 허락되지 않았다. 실제 예수님의 무덤이 맞는지 온전히 입증된 것은 아니었다. 상징적으로 조성해 놓은 것 같다는 생각이 들기도 했다.

예루살렘 성에 있는 통곡의 벽(Western Wall)으로 걸음을 옮겼다. 구약의 솔로몬(Solomon) 왕이 예루살렘 성전을 세웠던 때가 주전 957년이었다. 하지만 대략 370년이 흐른 주전 586년 바빌론(Babylon)의 침공으로 예루살렘 성전은

파괴되고 말았다. 70년 뒤인 주전 516년 같은 자리에 예루살렘 제2성전이 완공되었다. 헤롯(Herod) 왕 시대에는 증축이 마무리되었다. 예수님이 태어나기 20년 전이었다.

70년 로마제국의 티투스(Titus)에 의해 예루살렘이 함락된 후 유대인들은 이스라엘에서 쫓겨나 다른 나라로 뿔뿔이 흩어져야 했다. 예루살렘 제2성전 역시 처참하게 헐리고 서쪽 벽만 남게 되었다. 삶의 터전을 잃은 유대인들은 아직 무너지지 않은 서쪽 벽 앞에 모여 통탄의 눈물을 흘렸다. 이후 통곡의 벽으로 불리게 되었다.

지금도 많은 사람이 통곡의 벽 앞에서 머리를 조아리고 있었다. 검은 양복을 입고, 검은 모자를 쓴 유대교인들이 주로 눈에 띄었다. 여전히 메시아를 보내달라는 간구가 왠지 애절하게 전해졌다. 통곡의 벽 바위 사이사이에는 하얀색 쪽지가 겹겹이 끼워져 있었다. 유대인교들이 평소 이마에 붙이고, 손목에 매달고 다니던 말씀을 틈틈이 꽂아놓는다고 했다. 저들의 성실과 열심만큼은 인정할 수밖에 없었다.

십자가의 길, 비아돌로로사

비아돌로로사(Via Dolorosa)는 십자가의 길, 슬픔의 길을 뜻하는 라틴어이다. 예수님이 십자가를 지고 오른 언덕길을 똑같이 걸어보았다. 십자가의 의미를 되새겨볼 수 있도록 전부  14개 지점이 마련되어 있었다. 지점마다 로마 숫자로 번호를 표기해 놓았다. 제1지점인 옛 빌라도 총독의 재판정 앞에 섰다. 마침 그날이 금요일이었다.

비아돌로로사는 빌라도가 예수님에게 사형을 언도하면서 시작되었다. 빌라도의 재판정이 있던 자리에는 아랍 초등학교가 들어서 있었다. 바로 뒤돌아 맞은편에 채찍교회가 보였다. 제2지점이었다. 십자가형을 선고한 뒤 빌라도는 예수님에게 채찍질을 가했다. 그러고 나서 자신의 군병들에게 예수님을 넘겨주었다.

군병들은 예수님을 관저 뜰로 끌고 갔다. 예수님에게 가시관을 씌우고, 홍포를 입혀 침을 뱉는 등 희롱을 일삼은 후에 십자가를 지게 했다. 관저 뜰로 사용했던 곳에 지금도 나무로 만든 십자가가 놓여 있다고 했다. 예수님이 지신 십자가와 무게가 같다고 들었다. 70kg이었다. 제3지점은 예수님이 십자가의 무게를 이기지 못하고 처음 쓰러지신 곳이었다. 예수님이 넘어지셨던 자리에 당시 깔아 놓았던 박석이 그대로 남아 있었다.

제4지점에서 예수님은 어머니 마리아를 만났다. 사랑하는 제자가 마리아 곁에 서 있었다. "여자여 보소서 아들이니이다"(요 19:26)하고 어머니에게 마지막 말을 남겼다. 제5지점으로 가기 위해 오른쪽 길로 꺾어 들어갔다. 가파른 오르막길이 시작되었다. 길 양편에는 많은 상점이 자리하고 있었다.

제5지점에서 로마 병정들은 구레네 사람 시몬을 붙들어 예수님의 십자가를 억지로 대신 지게 했다. 가이드가 벽 한쪽에 움푹 패인 부분을 가리켰다. 예수님이 잠시 손을 짚고 기대셨을 때 생긴 손바닥 자국이라고 했다. 계속 언덕길을 올랐다.

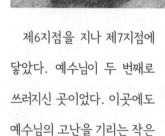

제6지점을 지나 제7지점에 닿았다. 예수님이 두 번째로 쓰러지신 곳이었다. 이곳에도 예수님의 고난을 기리는 작은 교회가 세워져 있었다.

제8지점에서 예수님은 잠시 멈춰 서서 뒤를 돌아보셨다. 큰 무리의 여인이 가슴을 치며 슬피 울면서 그를 뒤쫓아 오고 있었다. "예루살렘의 딸들아 나를 위하여 울지 말고 너희와 너희 자녀를 위하여 울라"(눅 23:28)라고 예수님은 여인들에게 위로의 말씀을 전하셨다. 그리고 다시 힘겹게 가파른 길을 오르셨다.

제8지점에서 제9지점으로 올라가는 길이 가장 붐볐다. 가게들도 빽빽했다. 순례객들이 한창 몰리는 철에는 일행을 잃어버리는 일이 비일비재하단다. 거의 쓸려 가다시피 할 정도라고 했다. 이 길을 지나 예수님은 세 번째로 쓰러지셨다. 제9지점이었다. 아까 들렀던 예수무덤교회가 바로 앞에 있었다.

예수무덤교회 광장 앞에 섰다. 정문 대신 건물 오른쪽에 나 있는 좁은 계단을 올랐다. 골고다 언덕이 시작되는 부분이라고 했다. 예수님의 옷을 벗긴 제10지점이 교회 안에 있었다. 또 다른 계단을 밟고 올라갔다. 예수님을 십자가에 눕히고 손과 발에 못을 박은 그림이 벽에 그려져 있었다. 제11지점이었다.

골고다 언덕 정상이 제12지점이었다. 제11지점 바로 옆에 있었다. 바위 일부분을 유리로 덮어 보존하고 있었다. 예수님이 못 박혀 있는 십자가를 세웠던 자리라고 가이드가 알려주었다. 제11지점과 제12지점이 있는 데가 예수무덤교회 2층이었다. 1층으로 내려왔다. 예수님의 시신을 눕혔던 돌판이 제13지점이었다. 마지막 제14지점은 바로 예수님의 무덤이었다. 제10지점부터 제14지점까지 교회 안에 있었다. 골고다 언덕 바위 위에 예수무덤교회가 세워졌다는 것을 그제야 이해했다.

너무 사람이 많아 감동이 덜했다. 번화가로 변해 있는 점도 아쉬웠다. 남대문시장에 와 있는 듯한 기분이 들기도 했다. 비아돌로로사가 뭔지 모르는 사람에겐 그냥 가게들이 밀집해 있는 골목길이었다. 성지순례여행으로 다시 오고 싶었다. 제대로 공부해와서 찬찬히 살펴보면 더할 나위 없을 것 같았다. 이스라엘에 해박한 한국인 선교사님과 꼭 같이 와야겠다고 마음먹었다.

바위산을 깎아 도시를 만들었다고?

4월 12일 -

　전날 저녁 요르단(Jordan)으로 건너왔다. 먼저 이스라엘 남쪽 끝에 있는 작은 국경 도시인 에일라트(Eilat)로 이동했다. 예루살렘까지 1박2일 여행으로 마무리하고 돌아간 사람들도 제법 되었다. 에일라트에서 왼쪽으로 넘어가면 이집트 타바, 오른쪽 국경을 지나면 요르단 아카바(Aqaba)였다. 요르단 입국심사대에서도 왜 아내 성만 다른지 설명해주어야 했다. 한 번 해본 게 있어서 전보다 여유롭게 대처할 수 있었다.

　에일라트에 비하면 아카바는 환락의 도시나 마찬가지였다. 즐비하게 늘어선 빌딩과 호텔마다 화려한 조명을 뽐냈다. 이슬람 국가는 술과 담배를 금한다고 알고 있었는데 그곳은 아니었다.

모든 술집이 시끌벅적했다. 여성들도 대부분 히잡을 쓰지 않고 다녔다. 착 달라붙는 짧은 옷을 입은 모습엔 거리낄 게 없었다. 남녀가 어울려 누비는 밤거리 풍경도 우리나라와 별반 다르지 않았다.

저녁을 먹으러 호텔 꼭대기 층으로 올라갔다. 옥상 뷔페였다. 야외 테라스처럼 꾸며 놓았다. 밴드의 신나는 연주가 흥을 더했다. 어떻게 된 일인지 사람들이 크게 원을 지어 손을 잡고 돌기 시작했다. 강강술래 하듯 방방 뛰며 즐거워했다. 나중에는 어깨동무까지 하고 돌았다. 생판 모르는 사람끼리 금세 친근해졌다. 어디서 왔고 이름 뭔지 알려주며 사진을 같이 찍었다. 굉장히 자유분방했다. 혹시 돼지고기도 아무렇지 않게 먹는 건 아닐지 의심이 들 정도였다.

오전 9시 30분 버스가 출발했다. 페트라(Petra)가 그리 멀지 않았다. 기원전 6세기 아랍계 민족인 나바티아인(Nabatean)이 건설한 고대 산악도시였다. 페트라는 그리스어로 바위라는 뜻이란다. 그들은 긴 협곡을 지나야 하는 깊은 바위산 속에 도시를 건설했다. 붉은 사암으로 이루어져서 장밋빛 붉은 도시라고 불리기도 했다.

방문자 센터(Petra Visitor Center)를 거쳐 페트라로 향했다. 조금 걷다 보니 영화

〈인디애나 존스3〉에 나왔던 협곡이 눈에 들어왔다. 시크(As Siq)라 불리는 고대도시의 입구였다. 높이가 100m나 되는 까마득한 절벽이 하늘을 가렸다. 폭은 가장 좁은 곳이 2m에

불과했다. 이 좁고 비밀스러운 통로는 페트라까지 1.5km 길이로 이어져 있었다.

30분쯤 협곡 안쪽으로 계속 걸어 들어갔다. 협곡이 끝나갈 무렵 붉은색 건축물이 자태를 드러내기 시작했다. 페트라 유적 중 가장 널리 알려진 알카즈네(Al Khazneh)였다. 위아래 길이가 무려 43m, 아파트 20층 높이였다. 기원전 1세기에 지어진 나바티아 왕의 무덤이었다. 어마어마한 바위 절벽을 통째로 깎아 만든 작품이라는 게 더 놀라웠다. 제일 위에서부터 밑으로 조각해 가며 완성했다고 가이드가 설명해주었다.

알카즈네를 지나 거대한 바위산을 마주했다. 병풍처럼 넓게 펼쳐져 있었다. 바위 곳곳에 구멍이 뚫려 있는 것이 보였다. 오른쪽은 왕가의 무덤(Royal Tomb)이고, 왼쪽은 주거지였다고 했다. 육안으로 보기에는 무덤과 집이 큰 차이가 없었다. 나바테아인들은 죽음을 삶의 일부로 여겼다. 기원전 5세기에 페트라에 엄청나게 큰 지진이 일어났었단다. 주거지로 사용하던 바위는 무너져 내렸지만 무덤은 온전했다. 죽음의 이후의 생을 믿었던 나바티아인들이 무덤을 견고하게 지어 놓았기 때문이었다. 지금까지 페트라에서 발굴된 유적 대부분이 무덤과 신전이었다.

페트라는 인구 2만5천 명이 거주했던 고대 도시였다. 왕가의 무덤 옆에는 원형 극장(Nabatean Amphitheatre)으로 갔다. 관중석 계단이 33층이나 되었다. 6천 명을 수용할 수 있는 규모였다. 관중석 상단으로 가는 입구와 하단으로 가는 입구가 따로 있었다. 거대한 바위산을 비스듬히 깎은 다음 한층 한층 조각하듯이 관중석을 만든 거였다.

드라마 〈미생〉에 두 주인공이 알카즈네를 바라보며 느긋하게 대화하는 장면이 나온다. 인적없는 협곡 길을 유유히 걸어가는 모습도 멋있었다. 우리가 갔을 땐... 바글바글했다. 그리고 곳곳이 지뢰밭이었다. 당나귀를 타고 페트라를 둘러볼 수 있었다. 협곡 길에는 말이 끄는 마차가 수시로 왔다 갔다 했다. 짐승들이 싸놓은 똥을 이리저리 피해 다녀야 했다. 페트라에서 맞은 뜻밖의 난제였다.

아카바로 돌아와 저녁 식사를 한 다음 이스라엘 에일라트로 다시 넘어갔다. 얼마 지나지 않아 에일라트를 통과해 이집트 타바에 닿을 수 있었다. 타바에서 시나이반도 해안을 타고 아래로 내려갔다. 밤 12시 다합에 도착했다.

간 큰 가족의 우당탕탕 세계여행

막판까지 이러기야? 난 출애굽 하련다

4월 13일 -

노트북 전원 버튼 누르고, CGNTV 페이지를 열었다. 다합 숙소에서 우리 가족끼리 주일예배를 드렸다. 원래 오전 10시에 카이로행 항공기를 탈 계획이었는데 취소해버렸다. 카이로

한인 민박집에 우리 짐을 맡겨놓았다. 짐을 찾을 겸 묵어가려 했지만 내키지 않았다. 짐만 찾고 잠만 자기엔 한인 민박의 숙박비는 너무 비쌌다. 다합에서 하루 더 머무는 것으로 마음을 바꿨다.

다이버샵 강사들을 불러서 점심을 같이 먹었다. 고기를 사 와서 구웠다. 다이버 자격증을 딸 때 나와 아내가 30m를 잠수했다. 보경이와 민준이는 21m까지 내려갔다. 다합 얘기, 다이빙 얘기를 두런두런 주고받았다. 내가 제일 나이 많은 큰 형님이었다. 밥 한 끼 잘 대접하고 떠날 수 있어서 감사했다.

기분 상한 일도 있었다. 말을 못 하는 언어장애인이 다가와서 울 것 같은 표정으로 물건을 내밀었다. 사 달라는 뜻이었다. 다른 가게에서 똑같은 물건에 100파운드를 불렀던 기억이 있었다. 비싸게 매긴 가격이었다. 언어장애인이 계산기를 꾹꾹

눌러서 숫자 150을 보여주었다. 내가 깎으려고 하자 어버버 소리를 내면서 130을
내보였다.

다른 데서 똑같은 걸 봤다고 하자 자기가 알아서 100까지 내렸다. 계산기를
달라고 해서 50을 표시해서 보여주었다. 확 깎아버렸다. 그러자 계산기를 집어
던지면서 내게 욕을 해대기 시작했다. 말을 못 하는 척 장애인 행세를 했던 거였
다. 어이가 없었다. 이집트는 정말 아름다운데…. 이집트인들이 좋은 이미지를
다 갉아먹는 것 같아 안타까웠다.

개인택시를 불렀다. 저녁을 먹고 카이로로 슬슬 가볼 참이었다. 기사가 우리
나라 9인승 승합차를 몰고 왔다. 이집트에서도 잘 나가는 국산 자동차였다. 8시간
운행하는 데 1천 파운드를 달라고 했다. 당시 원화로 6만3천 원이었다. 예전에
새벽에 명동에서 총알택시를 타고 부천으로 갔던 적이 있었다. 미터기에 4만5천 원
이 찍혔었다. 카이로까지 7시간 30분 정도 소요될 거라고 했다. 굉장히 싸게 느껴
졌다.

우리 가족만 태웠다. 넓게 앉아 편
하게 자면서 갈 수 있었다. 수에즈 운하
(Suez Canal)를 건너서 카이로로 들어
갔다. 운하 위로 떠가는 컨테이너선을
볼 수 있지 않을까? 캄캄한 밤인데 잘
보일까? 호기심이 일었다. 헌데 길이 지하터널로 이어졌다. 분명 건너긴 건넜는데
수에즈 운하는 코빼기도 볼 수 없었다. 테러 조직이 우리를 가로막지 않을까 신경
을 곤두세웠다. 다행히 아무 일 없었다.

4월 14일 -

새벽 3시 30분 카이로 한인 민박집에 도착했다. 짐만 찾아서 나왔다. 바로 카이로 국제공항으로 움직였다. 짐 검사를 먼저 하고 난 다음 공항 안으로 들여보내 주었다. 지갑, 핸드폰도 보안검색대에 올려놓아야 했다. 공항 직원이 아무렇지도 않게 내 지갑을 열어서 돈을 꺼내려고 했다. 왜 그러냐고 했더니 돈이 많은데 자기한테 좀 주면 안 되느냐고 오히려 되물어 왔다.

기가 차서 두 손가락으로 공항 직원 눈을 찌르는 시늉을 했다. 장난식이었지만 진심을 반 이상 섞었다. 그러자 공항 직원이 씩 웃으면서 지갑을 돌려주었다. 뻔뻔한 웃음이었다. 눈앞에서 지갑을 털릴 뻔했다. 한두 번 해본 게 아닌 듯 물 흐르듯이 자연스러웠다. 부끄럽고, 창피한 걸 모르는 것 같았다.

지갑을 쥐고 짐이 나오기를 기다렸다. 교회 집사님 한 분이 세계 일주를 떠나기 전 선물로 주신 칼 한 자루가 있었다. 영화 〈람보2〉에서 주인공 람보가 지니고 있던 칼과 생김새가 비슷했다. 캠핑할 때 유용하게 쓸 수 있는 칼이었다. 이번에는 다른 직원이 이런 건 가져가지 못한다고 손을 내저었다.

그동안 다른 나라에서는 다 통과되었는데 여기서는 왜 안 되느냐고 따져 물었다. 국제법상 칼날 끝이 몇 센티미터 이하면 들고 다닐 수 있다고 아는 지식까지 동원했다. 그제야 칼이 참 좋아 보인다면서 은근슬쩍 말을 돌렸다. 아까랑 똑같이 손가락을 들고 눈을 찌르려고 했더니 눈웃음을 지어보며 칼을 내주었다.

마지막까지 발목을 잡는 이집트였다. 잠비아 버스 안에서 홀로 부흥회를 했던 기억이 떠올랐다. 이집트에서는 그런 마음이 생기지 않았다. 출애굽 하는 심정으로 비행기에 올랐다.

간 큰 가족의 우당탕탕 세계여행